ETNOMATEMÁTICA EM MOVIMENTO

◳ COLEÇÃO TENDÊNCIAS EM EDUCAÇÃO MATEMÁTICA

ETNOMATEMÁTICA EM MOVIMENTO

Gelsa Knijnik
Fernanda Wanderer
Ieda Maria Giongo
Claudia Glavam Duarte

3ª edição
1ª reimpressão

autêntica

Copyright © 2012 As autoras
Copyright © 2012 Autêntica Editora

Todos os direitos reservados pela Autêntica Editora. Nenhuma parte desta publicação poderá ser reproduzida, seja por meios mecânicos, eletrônicos, seja via cópia xerográfica, sem a autorização prévia da Editora.

COORDENADOR DA COLEÇÃO TENDÊNCIAS EM EDUCAÇÃO MATEMÁTICA
Marcelo de Carvalho Borba
gpimem@rc.unesp.br

CONSELHO EDITORIAL
Airton Carrião/Coltec-UFMG; Arthur Powell/ Rutgers University; Marcelo Borba/UNESP; Ubiratan D'Ambrosio/UNIBAN/USP/UNESP; Maria da Conceição Fonseca/UFMG.

EDITORAS RESPONSÁVEIS
Rejane Dias
Cecília Martins

REVISÃO
Helen Rose

PROJETO GRÁFICO DE CAPA
Diogo Droschi

DIAGRAMAÇÃO
Camila Sthefane Guimarães

Dados Internacionais de Catalogação na Publicação (CIP)
(Câmara Brasileira do Livro, SP, Brasil)

Etnomatemática em movimento / Gelsa Knijnik et al.. -- 3. ed. ; 1. reimp. – Belo Horizonte : Autêntica Editora, 2025. -- (Coleção Tendências em Educação Matemática)

Outros autores: Fernanda Wanderer, Ieda Maria Giongo, Claudia Glavam Duarte

ISBN 978-85-513-0649-9

1. Antropologia educacional 2. Educação - Finalidades e objetivos 3. Educação inclusiva 4. Educação multicultural 5. Etnomatemática 6. Matemática – Estudo e ensino 7. Multiculturalismo 8. Sociologia educacional I. Knijnik, Gelsa. II. Wanderer, Fernanda. III. Giongo, Ieda Maria. IV. Duarte, Claudia Glavam. V. Série.

12-06641   CDD-370

Índices para catálogo sistemático:
1. Etnomatemática : Educação : Multiculturalismo em sala de aula : Experiência educacional 370

Belo Horizonte
Rua Carlos Turner, 420
Silveira . 31140-520
Belo Horizonte . MG
Tel.: (55 31) 3465 4500

São Paulo
Av. Paulista, 2.073,
Horsa I Salas 404-406 . Bela Vista
01311-940 . São Paulo . SP
Tel.: (55 11) 3034-4468

www.grupoautentica.com.br
SAC: atendimentoleitor@grupoautentica.com.br

Para Vera Lucia da Silva Halmenschlager,
colega e amiga, que mesmo ausente é presença em nós.
Se aqui estivesse, teria compartilhado a escrita deste livro.

Agradecimentos

A escrita deste livro se deve a muitos colegas e amigos que, de diferentes modos, nos fizeram chegar até aqui. A todos somos gratas. Em especial, queremos expressar nossa gratidão:

aos integrantes do Grupo Interinstitucional de Pesquisas em Educação Matemática e Sociedade, pela incondicional amizade e uma interlocução marcada por uma grande generosidade acadêmica;

a Marcelo Borba, editor desta coleção, por seu continuado estímulo e importantes contribuições ao longo de cada etapa de construção deste livro;

a Ubiratan D'Ambrosio, que por primeiro fez com que voltássemos nosso olhar para a Etnomatemática, pelo exemplo de intelectual ético que nos serve de inspiração.

Nota do coordenador

A produção em Educação Matemática cresceu consideravelmente nas últimas duas décadas. Foram teses, dissertações, artigos e livros publicados. Esta coleção surgiu em 2001 com a proposta de apresentar, em cada livro, uma síntese de partes desse imenso trabalho feito por pesquisadores e professores. Ao apresentar uma tendência, pensa-se em um conjunto de reflexões sobre um dado problema. Tendência não é moda, e sim resposta a um dado problema. Esta coleção está em constante desenvolvimento, da mesma forma que a sociedade em geral, e a, escola em particular, também está. São dezenas de títulos voltados para o estudante de graduação, especialização, mestrado e doutorado acadêmico e profissional, que podem ser encontrados em diversas bibliotecas.

A coleção Tendências em Educação Matemática é voltada para futuros professores e para profissionais da área que buscam, de diversas formas, refletir sobre essa modalidade denominada Educação Matemática, a qual está embasada no princípio de que todos podem produzir Matemática nas suas diferentes expressões. A coleção busca também apresentar tópicos em Matemática que tiveram desenvolvimentos substanciais nas últimas décadas e que podem se transformar em novas tendências curriculares dos ensinos fundamental, médio e superior. Esta coleção é escrita por pesquisadores em Educação Matemática e em outras áreas da Matemática, com larga experiência docente, que pretendem estreitar as interações entre a Universidade - que produz pesquisa - e os diversos cenários em que se realiza essa educação. Em alguns livros, professores da educação básica se tornaram também autores. Cada livro indica uma extensa bibliografia na qual o leitor poderá buscar um aprofundamento em certas tendências em Educação Matemática.

Neste livro, as autoras retomam questões do pensamento etnomatemático, já tratado nesta coleção, e o colocam em movimento, com base em uma perspectiva etnomatemática construída a partir de ideias de Foucault e Wittgenstein. Apresentam exemplos do uso dessa perspectiva em diferentes contextos, que abrangem o questionamento do discurso da matemática escolar usualmente praticada e a identificação de jogos de linguagem matemáticos que, por não serem socialmente legitimados, têm ficado marginalizados em nossas práticas pedagógicas.

*Marcelo de Carvalho Borba**

---

* Marcelo de Carvalho Borba é licenciado em Matemática pela UFRJ, mestre em Educação Matemática pela Unesp (Rio Claro, SP) doutor, nessa mesma área pela Cornell University (Estados Unidos) e livre-docente pela Unesp. Atualmente, é professor do Programa de Pós-Graduação em Educação Matemática da Unesp (PPGEM), coordenador do Grupo de Pesquisa em Informática, Outras Mídias e Educação Matemática (GPIMEM) e desenvolve pesquisas em Educação Matemática, metodologia de pesquisa qualitativa e tecnologias de informação e comunicação. Já ministrou palestras em 15 países, tendo publicado diversos artigos e participado da comissão editorial de vários periódicos no Brasil e no exterior. É editor associado do ZDM (Berlim, Alemanha) e pesquisador 1A do CNPq, além de coordenador da Área de Ensino da CAPES (2018-2022).

Sumário

Introdução 13

Capítulo I
Etnomatemática em movimento 19
Percurso, características e críticas à Etnomatemática 19
Etnomatemática, Michel Foucault
e o "Segundo" Wittgenstein 27

Capítulo II
Formas de vida e jogos de linguagem matemáticos 35
Aritmética 36
Medidas 42
Implicações curriculares 51

Capítulo III
O discurso da Educação Matemática "em questão" 59
"É importante trazer a 'realidade' do aluno" 63
"Trazer a 'realidade' do aluno possibilita dar
significado aos conteúdos matemáticos,
suscitando o interesse pela aprendizagem 68
"É importante usar materiais concretos" 72
"A Matemática está em todo lugar!" 77

Palavras finais 81

Referências 87

Para saber mais 95

Introdução

Etnomatemática em movimento apresenta reflexões sobre uma vertente da Educação Matemática cuja referência principal é o brasileiro Ubiratan D'Ambrosio. Desde seu surgimento, na década de 1970, um vasto número de educadores matemáticos, no país e também no exterior, têm desenvolvido estudos etnomatemáticos, que dão continuidade e também produzem deslocamentos no que foi inicialmente concebido por D'Ambrosio.

Passados quase quarenta anos desde sua emergência, a Etnomatemática segue interessada em discutir a política do conhecimento dominante praticada na escola. Essa política pode ser pensada em duas dimensões. Na primeira delas, funciona compartimentalizando, engavetando, em compartimentos incomunicáveis, o conhecimento do mundo, fazendo-nos pensar ser "natural" que a escola esteja organizada por disciplinas, que o tempo e o espaço escolar sejam distribuídos entre as aulas de Matemática, de História, de Português, de Ciências... Podemos, portanto, nos perguntar: seria esse o único modo possível de organização da instituição escolar?

A segunda dimensão em que pode ser pensada a política do conhecimento dominante refere-se à manobra, bastante sutil, que esconde e marginaliza determinados conteúdos, determinados saberes, interditando-os no currículo escolar. Tudo nos parece "natural", "do jeito que sempre foi". Assim, cabe indagar: haveria como construir outros modos de escolarização, uma "outra" escola, que incluísse outros conteúdos e não somente aqueles que usualmente circulam no currículo escolar? Fomos de tal modo formatados, normalizados pela norma do que é usualmente chamado "conhecimentos acumulados pela humanidade", que sequer ousamos imaginar que isso que nomeamos por "conhecimentos acumulados pela humanidade" é somente uma pequena parcela, uma parte muito particular do conjunto muito mais amplo e diverso do que vem sendo produzido ao longo da história pela humanidade (KNIJNIK, 2006a).

As ideias que discutimos neste livro inserem-se nesse movimento de continuidades e deslocamentos que tem marcado os trabalhos etnomatemáticos, centralmente ocupados em questionar a política do conhecimento dominante. Queremos olhar para o passado com a intenção de, como aprendemos com Derrida e Roudinesco (2004), ser fiel e infiel às nossas heranças, isto é, "reafirmar o que vem antes de nós". Uma reafirmação que busca olhar sempre, com renovadas lentes, nossa herança, para com ela e a partir dela, não nos restringirmos a simplesmente repetir o que nos foi legado. É desse modo que significamos a herança etnomatemática que nos foi legada e damos visibilidade ao que temos produzido no Grupo Interinstitucional de Pesquisa em Educação Matemática e Sociedade, vinculado à Universidade do Vale do Rio dos Sinos (GIPEMS-Unisinos). Assim, em *Etnomatemática em movimento* reafirmamos nossa herança, apresentando os sentidos que temos atribuído, na contemporaneidade, a esse campo do conhecimento, cientes da necessidade de pensá-lo em suas conexões com as novas configurações econômicas, sociais, culturais e políticas do mundo de hoje.

Vivemos tempos marcados por processos de globalização, pela incerteza permanente, pela efemeridade e fragmentação que se fazem presentes nas esferas econômicas, sociais e políticas. Podemos denominar o estado da sociedade atual de "modernidade fluida", expressão usada por Bauman (2001) em analogia à "solidez" que marcaria a Modernidade. Em sua metáfora, o sociólogo expressa que os líquidos, não se atendo a uma forma fixa e estável, não prendem o espaço nem aprisionam o tempo, movendo-se mais rapidamente do que os sólidos. Em função dessa constante possibilidade de mudança, os líquidos poderiam ser associados à leveza. "Essas são as razões

Introdução

para considerar 'fluidez' ou 'liquidez' como metáforas adequadas quando queremos captar a natureza da presente fase, nova de muitas maneiras, na história da modernidade" (BAUMAN, 2001, p. 9). Como entender, nesta nova fase de "fluidez" em que vivemos, as promessas do Iluminismo e seus ideais – tais como um sujeito unitário, guiado por uma razão transcendental; a supremacia da ciência e o progresso constante? Em particular, como nossas concepções sobre a escola e o currículo são atingidas?

Ficamos a nos perguntar, então, sobre os vínculos entre o surgimento da ciência moderna e o Iluminismo. Foucault (2002) nos ajuda a elucidar esta questão. Sua análise enfatiza que foi no período das Luzes, do século XVIII, que se criaram as condições para o surgimento da ciência moderna. Seguindo o filósofo, em vez de considerarmos esse período como "a caminhada do dia dissipando a noite" ou como a luta dos conhecimentos "corretos e dignos" contra a ignorância ou da "verdade" contra o erro, é necessário compreender o Iluminismo como "um imenso e múltiplo combate dos saberes uns contra os outros" (FOUCAULT, 2002, p. 214).

Nesse processo de luta entre os saberes, houve a intervenção do Estado mediante quatro procedimentos: o primeiro é a eliminação e a desqualificação daqueles saberes considerados inúteis ou insignificantes; o segundo é o processo de normalização operado entre os saberes para ajustá-los uns aos outros a fim de torná-los intercambiáveis; o terceiro procedimento é a classificação hierárquica, que permite distribuir os conhecimentos em escalas do mais simples ao mais complexo, ou do específico ao geral; e, por último, a centralização piramidal, que possibilita o controle e a seleção dos conteúdos que passarão a constituir a ciência (FOUCAULT, 2002). Seguindo os argumentos do filósofo, pode-se compreender que, no Iluminismo, mediante os processos de eliminação, normalização, classificação e centralização que passam a operar entre os saberes, se criam as condições para seu disciplinamento, ou seja, "da organização interna de cada saber como uma disciplina [...] e, de outro lado, o escalonamento desses saberes assim disciplinados [...] numa espécie de campo global [...] a que chamam precisamente a 'ciência'" (FOUCAULT, 2002, p. 217-218). Tais disciplinas delimitam o que conta como "verdadeiro" ou "falso" nas diferentes áreas do conhecimento e quem passa a deter a posição de enunciador dessas "verdades". Pensando essas questões para a área da Educação Matemática, podemos nos perguntar: quais saberes contam como "verdadeiros" nas aulas de Matemática? Quais são desqualificados como saberes matemáticos no currículo escolar? Quem tem a legitimidade para definir isso?

Em Etnomatemática em movimento nos ocupamos em refletir sobre essas indagações, servindo-nos do pensamento de Michel Foucault e o que corresponde ao período de maturidade de Ludwig Wittgenstein. Apoiando-nos nesses filósofos, questionamos a razão moderna, fortemente vinculada à ciência matemática. Assim como Condé (2004a), entendemos que, na contemporaneidade, prolifera a busca por múltiplas interpretações dos fatos e fenômenos de nossa sociedade, ao mesmo tempo que se inicia uma "espécie de suspeita do lugar a partir do qual essas interpretações são construídas, isto é, da própria ideia de razão" (CONDÉ, 2004, p. 16). Se o projeto moderno sustentava-se na crença de que pela razão (única, universal e a priori) seria possível dominar a natureza e conduzir os homens por um caminho de verdade e progresso, já no século XIX as bases de tal projeto são postas "sob suspeição", acarretando a busca por outros modelos de racionalidade. Assim, a ideia de uma racionalidade científica universal, baseada em fundamentos últimos e verdadeiros, passou a ser rechaçada. Seguindo Wittgenstein, Condé (2004b) dirá que os critérios de nossa racionalidade podem ser estabelecidos nas práticas sociais. É na relevância atribuída à imanência das práticas sociais que situamos a Etnomatemática e, em particular, a perspectiva discutida neste livro. Mas em que consistiria dar relevância à imanência das práticas sociais na Educação Matemática? Por agora, nesta introdução, apresentamos um exemplo de tal imanência, mas muitos outros estão presentes nos demais capítulos.

Eis o exemplo. Consideremos a prática de arredondar números que é ensinada na escola. Como os materiais didáticos que circulam no currículo escolar ensinam, para arredondar um número de dois algarismos, se a unidade tiver um valor acima de 5, é indicado que se faça o arredondamento para a dezena imediatamente superior; no entanto, se o valor unidade for inferior a 5, a orientação é de que o arredondamento seja feito para a dezena imediatamente inferior. Esse jogo de linguagem de arredondar, praticado na instituição escolar, é parte de sua gramática específica, com suas marcas de abstração, de transcendência. Tais regras valem "sempre".

No entanto, podemos nos questionar: em contextos não escolares, isto é, no mundo social mais amplo, há outros modos de arredondar números? Existem outros critérios de racionalidade que produzem outros modos de arredondar? Com base em nossos estudos, temos respondido afirmativamente a tais perguntas. Como temos aprendido com os integrantes do Movimento Sem Terra com quem realizamos pesquisas, na forma de vida camponesa do sul do país, a prática de arredondar é praticada por meio de outro jogo (que, mesmo tendo semelhanças com o jogo de linguagem escolar, apresenta especificidades).

Como um camponês sem-terra explicou em uma entrevista, ao estimar o valor total do que seria gasto por ele na compra de insumos para a produção, fazia arredondamentos "para cima" nos valores inteiros, ignorando os centavos, uma vez que não desejava "passar vergonha e faltar dinheiro na hora de pagar". No entanto, se a situação envolvesse a venda de algum produto, a estratégia utilizada era precisamente a oposta. Nesse caso, os arredondamentos realizados eram "para baixo", pois "não queria me iludir e pensar que ia ter mais do que tinha [de dinheiro]" (KNIJNIK; WANDERER; OLIVEIRA, 2005).

De imediato vemos a semelhança existente entre os dois jogos de linguagem. Mas há uma peculiaridade que os diferencia: no jogo produzido pela forma de vida camponesa, de modo diferente do praticado na escola, há uma estreita vinculação da estratégia de arredondar com as contingências da situação. Há, pois, racionalidades diferentes operando na Educação Matemática praticada na escola e fora dela: a Matemática Escolar tem como marca a transcendência e as práticas fora da escola são marcadas pela imanência.

O pensamento etnomatemático está centralmente interessado em examinar as práticas de fora da escola, associadas a racionalidades que não são idênticas à racionalidade que impera na Matemática Escolar, com seus estreitos vínculos com a razão universal instaurada pelo Iluminismo. Mas é preciso que se diga: olhar para essas outras racionalidades, sem jamais se esquecer do que está no horizonte, é pensar outras possibilidades para a Educação Matemática praticada na escola. É também esse o horizonte que nos mobilizou na escrita deste livro.

No primeiro capítulo, fazemos um recorrido sobre o que foi produzido no campo da Etnomatemática ao longo dos anos, mostrando as regularidades e também o que é particular de muitos trabalhos dessa vertente da Educação Matemática. Nos segundo e terceiro capítulos, discutimos resultados de pesquisas que desenvolvemos no âmbito do GIPEMS-Unisinos. Com essa discussão, queremos exemplificar como temos concebido nossa perspectiva etnomatemática. No último capítulo, que intitulamos "Palavras finais", dedicamo-nos a refletir em maior intensidade sobre as implicações de nossos estudos para as práticas escolares, em especial, na área da Matemática.

Capítulo I

Etnomatemática em movimento

Percurso, características e críticas à Etnomatemática

O percurso da Etnomatemática como campo de conhecimento teve início com as ideias de D'Ambrosio, inspiradas em seu trabalho como orientador do setor de Análise Matemática e Matemática Aplicada, junto no Centre Pédagogique Superieur de Bamako, na República do Mali, em 1970 (D'AMBROSIO, 1993). Foi precisamente em 1975, ao discutir, no contexto do Cálculo Diferencial, o papel desempenhado pela noção de tempo nas origens das ideias de Newton, que o educador se referiu à expressão Etnomatemática pela primeira vez. Ao mencionar esse episódio, D'Ambrosio enfatiza que, já na ocasião, utilizou o prefixo "etno" com um significado mais amplo do que o restrito à etnia: "Estava claro que, apesar de raça poder ser um dos fatores intervenientes na formação do conceito e da medição do tempo, tal noção era somente parte das práticas etnomatemáticas que configuravam a atmosfera intelectual onde as ideias de Newton floresceram" (D'AMBROSIO, 1987, p. 3).

Se D'Ambrosio é posicionado como aquele que instituiu a Etnomatemática como uma perspectiva da Educação Matemática, Eduardo Sebastiani Ferreira (1991; 1993; 1994) foi o pioneiro, no Brasil, em trabalhos de campo nessa área, quando realizou e orientou investigações cujas pesquisas empíricas se desenvolveram em regiões da periferia urbana de Campinas e em comunidades indígenas do alto Xingu e do Amazonas. O educador, a partir de suas atividades de capacitação de professores indígenas para atuarem em suas comunidades, contribuiu para o aprofundamento teórico de questões relativas à Educação Indígena, especialmente enfocando as conexões entre a "Matemática do branco" e a "Matemática-materna", expressão que utilizou (em homologia a "língua materna") para "expressar o conhecimento etno da criança, [...] [que ela] traz para a escola" (FERREIRA, 1994, p. 6).

Entre os trabalhos de educadores brasileiros que vinculamos a uma primeira fase de pesquisas relacionadas à Etnomatemática, destacamos os realizados por Borba (1987; 1990; 1993), com crianças da favela Vila Nogueira-São Quirino, em Campinas, que se constituiu na primeira dissertação na área; o de Carvalho (1991), com os índios Rikbaktsa, que vivem na região Centro-Oeste; o de Nobre (1989), sobre o jogo do bicho; o de Pompeu (1992), sobre as influências nas atitudes de professores de um trabalho que buscou introduzir no currículo escolar a Etnomatemática, e os de Knijnik (1988; 2006a), envolvendo pesquisas empíricas em regiões da periferia urbana de Porto Alegre e no meio rural do Rio Grande do Sul, junto a movimentos sociais camponeses.

Ainda no que estamos denominando de uma primeira fase das pesquisas nacionais que, de algum modo, se aproximam da Etnomatemática, destacamos os trabalhos na área da Psicologia Cognitiva de Nunes (1992); Schlieman, Carraher, Carraher (1988) e Carraher (1991) e seus orientandos que, naquele período, integravam o Programa de Mestrado em Psicologia Cognitiva da Universidade Federal de Pernambuco (UFPE). Seus estudos examinavam as conexões entre conhecimentos obtidos e praticados em atividades cotidianas da vida social fora da escola e aqueles ensinados pelo processo de escolarização. Assim, Abreu (1988; 1991), por exemplo, investigou as estratégias usadas pelos agricultores na solução de problemas matemáticos relacionados com a adubação da cana-de-açúcar, apontando para a influência do contexto sociocultural nas habilidades cognitivas dos canavieiros, e Acioly-Regnier (1994) que, em sua tese de doutorado, analisou "as competências matemáticas de trabalhadores da cana-de-açúcar do nordeste do Brasil no domínio da medida".

Em âmbito internacional, cabe destacar o trabalho de Paulus Gerdes em Moçambique. O autor, em meados da década de 1970, após a independência do país, integrou a equipe internacional de docentes responsável pelo primeiro curso de formação de professores de Matemática para o ensino secundário, o que foi decisivo para o surgimento de seu projeto "Etnomatemática em Moçambique". Gerdes (2010) relata que os estudantes participantes do curso, embora aspirassem se aprofundar em outras áreas do conhecimento – Medicina, Engenharia, Advocacia – e não gostassem da Matemática, aceitaram ser professores por algum tempo, tendo em vista as prioridades nacionais daquele momento. Significavam a Matemática como uma disciplina ensinada com o propósito de selecionar e excluir, impedindo que os discentes moçambicanos progredissem nos estudos. Assim, o corpo docente internacional que ministrava as disciplinas do curso estava diante do desafio de motivar tais estudantes a se tornarem professores da temida disciplina.

Um dos espaços importantes do curso era a disciplina denominada "Aplicações da Matemática na vida corrente das populações", que possibilitou aos estudantes compreender como conhecimentos vinculados à Matemática poderiam ser produtivos para melhorar as condições de vida da população (GERDES, 2010).

Já nessa primeira fase de seu desenvolvimento, críticas ao pensamento etnomatemático foram formuladas, entre as quais se encontram as de Dowling (1993) e Millroy (1992). Dowling argumentou que a Etnomatemática era uma das manifestações do que ele chamou por "ideologia do monoglossismo". Millroy (1992), por sua vez, apontou para o (por ela denominado) "paradoxo" da Etnomatemática, que mais tarde discutiremos.

Em sua crítica, Dowling (1993) buscou mostrar que a não filiação da Etnomatemática à racionalidade Moderna seria só aparente. Na construção de seu raciocínio, referiu-se à existência de uma "ideologia do monoglossismo" no campo da Educação Matemática. Com isso, quis caracterizar uma ideologia associada a uma "única" língua, uma ideologia da "unificação", da qual o construtivismo seria uma das formas (que denomina de "forma radical"). Nele, as respostas aos conflitos seria a reconciliação, obtida através da busca de uma unidade racional. Cada sujeito escolar seria somente um sujeito cognitivo que falaria em uma voz singular, única, monoglóssica.

Para Dowling (1993, p. 36), uma segunda manifestação da "ideologia do monoglossismo" na Educação Matemática é o monoglossismo plural. Nessa forma de monoglossismo, a ênfase muda do sujeito individual para o sujeito cultural. A sociedade é vista como composta de uma pluralidade de diferentes comunidades culturais. Cada uma delas falaria uma "única" língua, em particular, seria homogênea com relação às práticas envolvendo a Matemática daquele grupo cultural. Assim, a sociedade é considerada plural – heteroglóssica –, mas as comunidades que a compõem seriam monoglóssicas. Para Dowling, a Etnomatemática seria o exemplo, por excelência, do monoglossismo plural. Valoriza as diferentes comunidades, com suas culturas e seus saberes matemáticos específicos, "mas constrói a comunidade como uma unidade artificial e o sujeito humano como seu agente unitário" (DOWLING, 1993, p. 37).

Dowling (1993) concorda que a Etnomatemática dá visibilidade a outros modos de matematizar que não os hegemônicos, o que acarreta uma crítica ao lugar ocupado pela ciência, em especial pela Matemática, no projeto da Modernidade. Por outro lado, argumenta que, devido a seu monoglossismo plural – caracterizado pela unidade artificial da comunidade e do sujeito como agente unitário –, a Etnomatemática se manteria alinhada aos pressupostos que sustentam o pensamento moderno. Portanto, sua pretensão de escapar do modelo de racionalidade moderna ficaria frustrada.

Utilizando-se de argumentos que convergem com as posições defendidas por Dowling, na década de 1990, Millroy se referiu a um "paradoxo" da Etnomatemática. Apoiada em uma pesquisa empírica realizada na África do Sul, com carpinteiros, Millroy identificou dois objetivos que direcionariam os estudos etnomatemáticos: o primeiro consistiria em explorar a Matemática criada por diferentes culturas e comunidades; o segundo, em descrever essa Matemática. A pesquisadora argumentou que a Etnomatemática estuda diferentes tipos de Matemática que emergem de distintos grupos culturais. No entanto, destaca que é impossível reconhecer e descrever qualquer objeto sem que o pesquisador use seus próprios referenciais. Em outras palavras, ao identificar e descrever diferentes Matemáticas, usamos como referencial a "nossa" Matemática. Isto é, mesmo admitindo a existência de diferentes Matemáticas, o que fica destacado, ocupando um lugar privilegiado, seria a matemática institucionalizada. Para Millroy (1992), isso seria um paradoxo, pois "como pode alguém, que foi escolarizado dentro da Matemática ocidental convencional, 'ver' qualquer outra forma de Matemática que não se pareça à Matemática convencional, que lhe é familiar?" (MILLROY, 1992, p. 11). O paradoxo da Etnomatemática faria com que as pesquisas dessa área se reduzissem a enxergar apenas o que se parecesse com a "nossa" Matemática.

A Etnomatemática, desde sua emergência, vem se constituindo como um campo vasto e heterogêneo, impossibilitando a enunciação de generalizações no que diz respeito a seus propósitos investigativos ou a seus aportes teórico-metodológicos. Na perspectiva de D'Ambrosio, a Etnomatemática, ao definir como seu objeto de estudo a explicação dos "processos de geração, organização e transmissão de conhecimento em diversos sistemas culturais e as forças interativas que agem entre os três processos" (1990, p. 7), tem um enfoque abrangente, permitindo que sejam consideradas, entre outras, como formas de Etnomatemática: a Matemática praticada por categorias profissionais específicas, em particular pelos matemáticos, a Matemática Escolar, a Matemática presente nas brincadeiras infantis e a Matemática praticada pelas mulheres e homens para atender às suas necessidades de sobrevivência. Portanto, nessa abordagem, a Matemática, como usualmente é entendida – produzida unicamente pelos matemáticos – seria uma das formas de Etnomatemática (BORBA, 1992).

Ao colocar o conhecimento matemático acadêmico somente como uma das formas possíveis de saber, a Etnomatemática põe em questão a universalidade da Matemática produzida pela academia, salientando que esta não é universal, na medida em que não é independente da cultura. A pretensa universalidade da Matemática Acadêmica é que lhe daria sua "força" e, por conseguinte, o papel central que desempenhou no projeto da modernidade.

Como bem argumenta Walkerdine (1990), a Matemática institucionalizada possibilita uma clara fantasia de controle onipotente sobre um universo calculável, o que o matemático Brian Rotman (citado por Walkerdine, 1995, p. 226) chamou de "Sonho da Razão"; um sonho no qual as coisas, uma vez provadas, permanecem provadas para sempre, independentemente das fronteiras de tempo e espaço. Essa mesma ideia é apresentada pela autora em sua importante obra *The Mastery of Reason* (1990), quando se refere à posição "de rainha das ciências" que a Matemática (acadêmica) assumiu nesses últimos séculos "quando a natureza se tornou um livro escrito na linguagem Matemática, possibilitando um controle perfeito de um universo perfeitamente racional e ordenado" (Walkerdine, 1990, p. 187). A Etnomatemática problematiza centralmente esta "grande narrativa" que é a Matemática Acadêmica – considerada pela modernidade como a linguagem por excelência para dizer o universo mais longínquo e também o mais próximo – introduzindo uma temática até então ausente no debate da Educação Matemática.

A discussão empreendida por D'Ambrosio e Walkerdine é compartilhada por Lizcano (2004). Examinando um texto de Galileo que afirmava ser a natureza um livro escrito pela linguagem matemática, o autor expressa que tal texto é exemplar para se discutir a linguagem da Matemática Acadêmica. Para ele, quando se afirma que a natureza pode ser escrita nessa linguagem, há a constituição de um processo de legitimação do poder aspirado por uma minoria alfabetizada cientificamente – os únicos capazes de compreender a Matemática, por isso, a natureza – ao mesmo tempo que põe em ação um programa de exclusão – de homens e mulheres como não produtores do saber, salvo se dominarem a linguagem matemática. Assim, a linguagem da Matemática Acadêmica está marcada por mecanismos de exclusão que se fazem presentes desde a sua constituição como campo de conhecimento. Esses mecanismos de exclusão atuam também para estabelecer uma hierarquia entre as diferentes linguagens matemáticas. A Matemática Acadêmica teria se imposto como o parâmetro, como régua, capaz de medir e classificar qualquer outra Matemática como mais ou menos avançada em função de sua maior ou menor semelhança com aquela que aprendemos nas instituições acadêmicas (Lizcano, 2004).

De modo análogo ao questionamento feito à Matemática Acadêmica, a Etnomatemática também põe em questão a Matemática

Escolar, com as marcas de transcendência que herda da Matemática Acadêmica produzida pelos que têm a profissão de matemáticos. Pôr em questão a Matemática Escolar pode parecer, à primeira vista, estranho. Não esteve a Etnomatemática, desde seu surgimento, centralmente ocupada com as práticas matemáticas de formas de vida não escolares? Sim, o campo etnomatemático nos arremessou para além das fronteiras fortemente demarcadas da escola. Mas seu interesse, ao examinar as outras Etnomatemáticas que não a Etnomatemática Acadêmica teve – e ainda tem – como horizonte a Matemática Escolar. No entanto, essa Matemática Escolar não é entendida como um mero conjunto de conteúdos e métodos a serem transmitidos aos estudantes de modo a oportunizar o desenvolvimento de seu raciocínio lógico.

Afastando-se dessa posição, o pensamento etnomatemático, assim como o concebemos, entende a Matemática Escolar como uma disciplina diretamente implicada na produção de subjetividades, como uma das engrenagens da maquinaria escolar que funciona na produção dos sujeitos escolares. Isto é, nós, sujeitos escolares – aqui compreendidos como estudantes, professores e demais membros da escola –, somos assujeitados, damos sentido às nossas vidas e às coisas do mundo, "nos tornamos o que somos" também por meio do que aprendemos e ensinamos e de como isso é feito nas disciplinas escolares, em particular, na disciplina de Matemática.

Uma contribuição importante do pensamento etnomatemático a ser ressaltada é o deslocamento que introduziu, já na década de 1970, na área da Educação Matemática, quanto à relevância de considerar a variável cultura no ensinar e no aprender Matemática. Não é surpreendente que tenha sido num país como o Brasil que tenha ocorrido a emergência dessa variável nessa área do currículo escolar. É em nosso contexto latino-americano de pobreza, desigualdade social, de exploração econômica (também presente em muitas outras partes do mundo) do final do século XX, que as diferenças culturais "saltavam" aos olhos. Foram essas nossas experiências de vida, na qual a diferença não tinha como ser esquecida, que criaram as condições para que, desde o nordeste pernambucano, Paulo Freire elaborasse suas ideias sobre a educação popular e a relevância de a educação estar atenta à cultura e se tornasse internacionalmente conhecido.

O pensamento de D'Ambrosio converge com essa relevância atribuída por Freire à cultura.

Mais do que a cultura, a Etnomatemática, assim como a entendemos, está interessada em examinar a diferença cultural no âmbito da Educação Matemática. Concordando com Dowling (1993), consideramos que a sociedade é composta por diferentes grupos culturais, ou seja, é heteroglóssica. No entanto, em nossas pesquisas, temos tomado cada uma das comunidades estudadas não como unidades fixas, homogêneas, como entende Dowling. Ao contrário, temos buscado mostrar a heterogeneidade de cada grupo cultural, apontando, inclusive, que os próprios indivíduos que a compõem, eles mesmos se constituem na diferença (de gênero, raça/etnia, geração, sexualidade, etc.). Aqui está, pois, uma contestação à crítica à Etnomatemática feita por Paul Dowling (1993), ao caracterizá-la como um monoglossismo plural.

Para a Etnomatemática, a cultura passa a ser compreendida não como algo pronto, fixo e homogêneo, mas como uma produção, tensa e instável. As práticas matemáticas são entendidas não como um conjunto de conhecimentos que seria transmitido como uma "bagagem", mas que estão constantemente reatualizando-se e adquirindo novos significados, ou seja, são produtos e produtores da cultura.

Como anteriormente mencionado, a Etnomatemática questiona também a noção de que a Matemática Acadêmica expressaria "o conjunto de conhecimentos acumulados pela humanidade" (KNIJNIK, 2004, p. 2), apontando que em tal processo há a legitimação de uma forma muito específica de produzir Matemática: aquela vinculada ao pensamento urbano, heterossexual, ocidental, branco e masculino. É justamente esse suposto "consenso" perante o que conta como "conhecimento acumulado pela humanidade" que a Etnomatemática problematiza, destacando aquelas outras formas de dar significado aos saberes matemáticos, os quais diferem, muitas vezes, do modo hegemônico (KNIJNIK, 2004).

Transcorridos agora quase quatro décadas desde que, pela primeira vez, D'Ambrosio teve a ousadia de apresentar suas ideias para a comunidade internacional, no 6th International Congress on Mathematics Education (ICME-6), ocorrido em Adelaide, hoje a

Etnomatemática é reconhecida como campo de pesquisa, desenvolvida em importantes centros de investigação e universidades ao redor do mundo. Livros reunindo coletânea de estudos, como os organizados por Powell e Frankenstein (1997), Domite, Ribeiro e Ferreiro (2004) e por Knijnik, Wanderer e Oliveira (2010) atestam tal crescimento. Além disso, cabe mencionar o significativo número de dissertações e teses elaboradas na perspectiva da Etnomatemática e a realização de eventos, como os Congressos Brasileiros de Etnomatemática (CBEm) – sendo o CBEm1 realizado na Universidade de São Paulo (USP), em 2000; o CBEm2 na Universidade Federal do Rio Grande do Norte (UFRN), em 2004; e o CBEm3, na Universidade Federal Fluminense (UFF), em 2008 – e os Congressos Internacionais de Etnomatemática (CIEm), que ocorrem a cada quatro anos, sendo que o primeiro foi desenvolvido em Granada/Espanha (1998), o segundo em Ouro Preto/Brasil (2002), o terceiro em Auckland/Nova Zelândia (2006) e o quarto em Baltimore/Estados Unidos (2010).

Assim, é possível dizer que a expansão da Etnomatemática se materializou não somente do ponto de vista numérico, mas principalmente em um aprofundamento de questões teóricas pertinentes a esse campo de conhecimento, evidenciadas em produções de investigadores e/ou grupos de pesquisa brasileiros vinculados a essa área, como aquelas realizadas pelo Grupo Interinstitucional de Pesquisa em Educação Matemática e Sociedade (GIPEMS-Unisinos) que serão apresentadas na próxima seção.

Etnomatemática, Michel Foucault e o "Segundo" Wittgenstein

A perspectiva etnomatemática que mais recentemente foi concebida no GIPEMS-Unisinos orienta-se em uma direção filosófica. Mais especificamente, tem como referencial teórico o pensamento de Michel Foucault e as ideias do "Segundo Wittgenstein", que correspondem ao período conhecido como o de maturidade de sua obra. Nossa perspectiva etnomatemática é compreendida como uma caixa de ferramentas teóricas, que foram selecionadas das obras desses filósofos. O uso dado à expressão "caixa de ferramentas" é inspirado em Deleuze e Foucault, quando escrevem: "Uma teoria é como uma caixa de ferramentas. [...] É preciso que sirva, é preciso que funcione. E não para si mesma" (DELEUZE; FOUCAULT, 2003, p. 69 e 70). Desse modo, ao escolher ferramentas teóricas das "oficinas" dos filósofos austríaco (Wittgenstein) e franceses (Deleuze e Foucault), temos buscado fazê-las funcionar, para pensar sobre a escola, o currículo e, de modo especial, sobre a Educação Matemática.

De modo sintético, temos concebido nossa perspectiva etnomatemática como uma "caixa de ferramentas" que possibilita analisar os discursos que instituem as Matemáticas Acadêmica e Escolar e seus efeitos de verdade e examinar os jogos de linguagem que constituem cada uma das diferentes Matemáticas, analisando suas semelhanças de família.

Nessa conceituação, ecoa a voz do "Segundo Wittgenstein". Suas posições em *Investigações filosóficas* nos ajudam a considerar que não existe uma única Matemática, essa que chamamos "a" Matemática, com suas marcas eurocêntricas, do formalismo e da abstração (KNIJNIK, 2007a). Com efeito, nessa obra, os argumentos do filósofo sobre como funciona a linguagem apontam para a ideia de que não existe "a" linguagem, senão linguagens, no plural, identificando-as com uma variedade de usos.

Mesmo que em suas teorizações D'Ambrosio não tenha explicitado vínculos com o pensamento de Wittgenstein, as ideias do educador brasileiro – ao reconhecer diferentes e múltiplas Matemáticas, colocando sob suspeição a existência de uma linguagem matemática universal – podem ser pensadas com base na filosofia de maturidade wittgensteiniana. Estudos do campo da Etnomatemática têm utilizado as ideias da obra de maturidade de Wittgenstein para questionar a noção de uma linguagem matemática universal, possibilitando, com isso, que sejam consideradas diferentes Matemáticas, como indicado pelo pensamento etnomatemático (DUARTE, 2009; 2003; GIONGO, 2008; KNIJNIK, 2006b; KNIJNIK; WANDERER, 2006a; 2006b; VILLELA, 2006; WANDERER, 2007) .

O "Segundo" Wittgenstein concebe a linguagem não mais com as marcas da universalidade, perfeição e ordem, como se preexistisse às ações humanas. Assim como contesta a existência de uma linguagem universal, o filósofo problematiza a noção de uma racionalidade total e *a priori*, apostando na constituição de diversos critérios de racionalidade. "Talvez um dos aspectos mais importantes dessa filosofia [do Segundo Wittgenstein] seja possibilitar, a partir do caráter relacional dos usos nos seus diversos contextos e situações, um novo modelo de racionalidade" (CONDÉ, 2004a, p. 49). Assume que a linguagem tem um caráter contingente e particular, adquirindo sentido mediante seus diversos usos. "O significado de uma palavra é seu uso na linguagem" (WITTGENSTEIN, 2004, p. 38). Dessa forma, sendo a significação de uma palavra gerada pelo seu uso, a possibilidade de essências ou garantias fixas para a linguagem é posta sob suspeição, levando-nos a questionar também a existência de uma linguagem matemática única e com significados fixos.

Wittgenstein, ao mesmo tempo que destaca muitos entendimentos possíveis de serem construídos para as palavras, rechaça a possibilidade de um significado universal que se enquadre nos diversos usos dessas palavras. Pode-se vincular essa questão com as discussões propostas pela Etnomatemática ao colocar sob suspeição a noção de uma linguagem matemática universal que seria "desdobrada", "aplicada" em múltiplas práticas produzidas pelos diferentes grupos culturais. Em vez disso, o pensamento de Wittgenstein, em nosso entendimento, é produtivo para nos fazer pensar em diferentes Matemáticas (geradas por diferentes *formas de vida* – como as associadas a grupos de crianças, jovens, adultos, trabalhadores de setores específicos, acadêmicos, estudantes, etc.), que ganham sentido em seus usos.

Intérpretes de Wittgenstein, como Condé (2004a; 2004b; 1998) e Moreno (2000), destacam que a noção de *uso* se torna central para a compreensão de linguagem desenvolvida na obra de maturidade do filósofo. Seguindo seus argumentos, diríamos que é o contexto que constitui a referência para se entender a significação das linguagens (entre elas, as linguagens matemáticas) presentes nas atividades produzidas pelos diversos grupos culturais. No caso das linguagens matemáticas, poderíamos afirmar que a geração de seus significados é dada por seus diversos usos.

Ao destacar a produção de muitas linguagens que ganham sentidos mediante seus usos, Wittgenstein (2004) enfatiza, em sua obra de maturidade, a noção de *jogos de linguagem,* processos que podem ser compreendidos como descrever objetos, relatar acontecimentos, construir hipóteses e analisá-las, contar histórias, resolver tarefas de cálculo aplicado, entre outros. Seguindo esse entendimento, diríamos que dar visibilidade às matemáticas geradas em atividades específicas também é um processo que pode ser significado como uma rede de jogos de linguagem, no sentido atribuído por Wittgenstein, que emergem em diferentes *formas de vida.* Glock (1998, p. 173) destaca que Wittgenstein, quando expressa a noção de *forma de vida,* enfatiza o "entrelaçamento entre cultura, visão de mundo e linguagem".

"A forma de vida é o ancoradouro último da linguagem" (Condé, 1998, p. 104). A significação das palavras, dos gestos e, pode-se dizer, das linguagens matemáticas e dos critérios de racionalidade nelas presentes são produzidas no contexto de uma dada forma de vida. O autor (Condé, 2004a, p. 52) expressa essa relação, afirmando que, sendo a Matemática um produto cultural, pode ser significada como um conjunto de jogos de linguagem. Seguindo as ideias até aqui apresentadas, podem-se considerar as Matemáticas produzidas nas diferentes culturas como conjuntos de jogos de linguagem que se constituem por meio de múltiplos usos.

A Matemática Acadêmica, a Matemática Escolar, as Matemáticas Camponesas, as Matemáticas Indígenas, em suma, as Matemáticas geradas por grupos culturais específicos podem ser entendidas como conjuntos de jogos de linguagem engendrados em diferentes formas de vida, agregando critérios de racionalidade específicos. Porém, esses diferentes jogos não possuem uma essência invariável que os mantenha completamente incomunicáveis uns dos outros, nem uma propriedade comum a todos eles, mas algumas analogias ou parentescos – o que Wittgenstein (2004) denomina *semelhanças de família.*

Os jogos de linguagem estão imersos em uma rede de semelhanças que se sobrepõem e se entrecruzam, podendo variar dentro de determinados jogos ou de um jogo para o outro. A noção de *semelhanças de família* pode ser compreendida não como um fio único que perpassasse todos os jogos de linguagem, mas como fios que se entrecruzam, como em uma corda, constituindo tais jogos (GLOCK, 1998). Seguindo os argumentos de Wittgenstein (2004), pode-se afirmar que é na relação entre os jogos de linguagem e as semelhanças de família que se engendram os critérios de racionalidade.

A discussão até aqui realizada sobre a obra de maturidade de Wittgenstein permite que se compreendam as Matemáticas produzidas por diferentes formas de vida como conjuntos de jogos de linguagem que possuem semelhanças entre si. Assim, não há superconceitos que se pretendam universais e que possam servir como parâmetro para outros. Portanto, embasadas em Wittgenstein, podemos pensar que, do ponto de vista epistemológico, não haveria uma única Matemática – aquela nomeada por "a" Matemática – que se "desdobraria" em diferentes situações, mesmo que essa seja a Matemática legitimada em nossa sociedade como ciência (KNIJNIK, 1996).

Mas não somente as contribuições de Wittgenstein estão presentes na concepção de nossa perspectiva etnomatemática, que passamos a utilizar em nossos estudos mais recentes. O pensamento de Michel Foucault ali está claramente incorporado, mediante noções como *discurso, enunciado, poder-saber* e *política geral de verdade*.

Inspiradas em Foucault, consideramos a Matemática Acadêmica e a Matemática Escolar como discursos, no sentido atribuído pelo filósofo. Isso nos permite analisar seus vínculos com a produção das relações de poder-saber e com a constituição de regimes de verdade. Como expressa Foucault (2003, p. 8), "o que faz com que o poder se mantenha e que seja aceito é simplesmente que ele não pesa só como uma força que diz não, mas que ele de fato permeia, produz coisas, induz ao prazer, forma saber, produz discursos".

A produção da "verdade", para Foucault, não estaria desvinculada das relações de poder que a incitam e apoiam, estando também atada à positividade do discurso. O filósofo expressa, assim, seu entendimento de verdade: "o conjunto das regras segundo as quais se distingue o verdadeiro do falso e se atribui ao verdadeiro efeitos específicos de poder" (FOUCAULT, p. 13). Ou "um conjunto de procedimentos regulados para a produção, a lei, a repartição, a circulação e o funcionamento dos enunciados" (FOUCAULT, 2003, p. 14), assinalando a correlação entre a geração do discurso e a "verdade". Ao mencionar o que denomina por *política geral da verdade*, Foucault enfatiza:

> Cada sociedade tem seu regime de verdade, sua "política geral" de verdade: isto é, os tipos de discurso que ela acolhe e faz funcionar como verdadeiros; os mecanismos e as instâncias que permitem distinguir os enunciados verdadeiros dos falsos, a maneira como se sanciona uns e outros; as técnicas e os procedimentos que são valorizados para a obtenção da verdade; o estatuto daqueles que têm o encargo de dizer o que funciona como verdadeiro (FOUCAULT, 2003, p.12).

Desse ponto de vista, os discursos da Matemática Acadêmica e da Matemática Escolar podem ser pensados como constituídos por (ao mesmo tempo que constituem) essa *política geral da verdade*, uma vez que algumas técnicas e procedimentos – praticados pela academia – são considerados mecanismos (únicos e possíveis) capazes de gerar conhecimentos (como as maneiras "corretas" de demonstrar teoremas, utilizando axiomas e corolários ou, então, pela aplicação de fórmulas, seguindo-se "corretamente" todos os seus passos), em um processo de exclusão de outros saberes que, por não utilizarem as mesmas regras, são sancionados e classificados como "não matemáticos". Tal operação passa a ser realizada por alguns profissionais – cujas carreiras estão vinculadas à academia, como os matemáticos – que se tornam capazes de dizer o que "funciona como verdadeiro" no campo da Educação Matemática. Assim, na ordem discursiva que engendra a Matemática Acadêmica e a Matemática Escolar são produzidas "verdades" sobre essa área do conhecimento, que atuam na geração de concepções sobre como devem ser as aulas de Matemática, os professores, os alunos ou como esse campo do saber atua na sociedade, demarcando diferenças e construindo identidades.

Em nossa perspectiva etnomatemática, como dito anteriormente, articulamos as ideias de Foucault com a obra de maturidade de Wittgenstein, pois, guardadas suas especificidades, são convergentes seus entendimentos a respeito da linguagem. Além disso, questões como "não perguntar 'o que é isso?'", mas sim "perguntar como isso funciona?", ou "aquilo que está oculto não nos interessa" – que equivale a dar as costas à Metafísica – ou "a verdade é aquilo que dizemos ser verdadeiro" – que equivale a dizer que as verdades não são descobertas pela razão, mas sim inventadas por ela – são comuns aos dois filósofos. (Veiga-Neto, 2003, p. 108 e 109).

Dessa forma, o abandono da crença em uma linguagem que seria capaz de representar o mundo "tal qual ele é", ou seja, a linguagem como uma tradução literal do mundo e, com efeito, o afastamento da Metafísica garantem proximidades entre esses dois filósofos. Além desta, outras aproximações entre os pensamentos dos filósofos foram pontuadas por Veiga-Neto (1996a). Exemplo disso é o modo como Foucault e Wittgenstein trabalham com os conceitos, a "metodologia" que utilizam na formulação de suas ideias. "Pedir a eles uma maior precisão conceitual, ou mesmo uma maior estabilidade metodológica, é não lhes compreender o pensamento" (Veiga-Neto, 2003, p. 167-168).

Assim, a concepção de linguagem, os aspectos metodológicos implicados na maneira de ambos os filósofos lidarem com os conceitos e a proximidade que pode ser inferida entre "prática discursiva" e "jogos de linguagem" permitem sua articulação. Ademais, o próprio Foucault, ao ser entrevistado por Maria Teresa do Amaral sobre a perspectiva assumida em sua análise do discurso, referiu-se a Wittgenstein. Segundo aquele filósofo, "Eu disse que tinha três projetos que convergiam, mas que não são do mesmo nível. Por um lado, uma espécie de análise do discurso como estratégia, à maneira do que fazem os anglo-saxões, em particular Wittgenstein, Austin, Strawson, Searle" (Foucault, 1995, p. 154).

Frente a todo esse instrumental filosófico, nesta seção brevemente apresentado, e a complexidade teórica envolvida na articulação das ferramentas foucaultianas e wittgensteinianas, ficamos a indagar a nós mesmas: todo esse esforço analítico não seria somente um preciosismo teórico? No desenvolvimento de nossos estudos, fomos nos dando conta de que não ficamos restritas a tal preciosismo. É necessariamente esse esforço analítico que tem nos ajudado a dar respostas, mesmo que sempre provisórias, a questões do "chão da escola", da prática de sala de aula, especialmente nos processos de escolarização dos grupos culturais que temos estudado. Com isso, estamos entendendo, acompanhando Deleuze, que: "A prática é um conjunto de revezamentos de uma teoria a outra e a teoria um revezamento de uma prática a outra. Nenhuma teoria pode se desenvolver sem encontrar uma espécie de muro e é preciso a prática para atravessar o muro" (DELEUZE; FOUCAULT, 2003, p. 69 e 70).

Em outras palavras, consideramos a teoria e a prática uma relação indissociável, na qual cada um de seus termos se constitui em deslocamentos alternados do outro, não atribuindo supremacia alguma da prática sobre a teoria ou da teoria sobre a prática. Seguindo ainda Deleuze (DELEUZE; FOUCAULT, 2003), se há o desejo de desenvolver, mesmo que de modo pontual, algum tipo de teoria, há que dizer coisas ainda não ditas, que atravessem o muro que contorna o território do conhecimento já estabelecido sobre a temática estudada. Temos nos servido de práticas das formas de vida escolar e não escolar para "atravessar o muro" e, assim, pensar e tentar dizer "coisas ainda não ditas", como mostraremos nos próximos dois capítulos do livro.

Capítulo II

Formas de vida e jogos de linguagem matemáticos

Neste capítulo, consideramos cinco estudos que foram realizados no Estado do Rio Grande do Sul em diferentes tempos-espaços: no contexto calçadista de um pequeno município (GIONGO, 2001); com trabalhadores da construção civil em canteiros de obras de Porto Alegre (DUARTE, 2003); junto a camponeses do Movimento dos Trabalhadores Rurais Sem Terra (MST) (KNIJNIK, 1996; 2004; 2006a); com colonos, descendentes de alemães e evangélicos luteranos, que frequentavam uma escola rural de um município da região central do Estado quando da efetivação dos decretos que instituíram a Campanha de Nacionalização (1939-1945) (WANDERER, 2007); e em um curso técnico em Agropecuária de uma escola estadual de um município da Região Central do Estado (GIONGO, 2008).

Ao selecionar e analisar esses exemplos, tivemos o propósito de mostrar a existência de jogos de linguagem em formas de vida não escolares, que, por possuírem semelhança de família com aqueles praticados na Matemática da escola, temos chamado de jogos de linguagem matemáticos. Acreditamos que essa riqueza de exemplos poderá servir como fonte de inspiração para nossas práticas como docentes e pesquisadores.

Do ponto de vista metodológico, todas as pesquisas envolveram longos períodos de observação, sessões de entrevistas gravadas e posteriormente transcritas e anotações em diário de campo. Como bem aponta Knijnik (2005, p. 5), ao pôr em ação tais procedimentos, estávamos cientes "da tentação de nos colocarmos em um lugar privilegiado a partir do qual fosse possível apontar aos sujeitos que estudamos, a título de conclusão de nossas pesquisas" e de interrogá-los "incitando-os a dizer 'toda a verdade sobre si mesmos'" [com a pretensão] "de descrevê-los minuciosamente através de nossas observações, representando-os em nossos textos, como a nos bem aprouver" (KNIJNIK, 2005, p. 4).

Knijnik ainda argumenta sobre a necessidade de estarmos atentos às nossas práticas de trabalho investigativo e utiliza as expressões "ousadia" e "arrogância" ao se referir ao modo como, usualmente, representamos "os outros" quando escrevemos artigos e participamos de congressos. Mas, fugindo de um pensamento determinístico, entendemos que esse esforço de fixar identidades e atribuirmos sentidos ao que nossos entrevistados dizem, posicionando-os em determinados lugares fixos, "por sorte nunca [pode ser] completamente satisfeito". Servindo-se da metáfora de "inverter o espelho e pensar como os 'outros' nos veem", Knijnik ainda mostra como tal metáfora tem-lhe servido "como estratégia analítica, como baliza para jamais se esquecer da necessária humildade intelectual na produção do conhecimento e do compromisso social que está envolvido no ato de pesquisar" (KNIJNIK, 2005, p. 5). Em nossa atividade investigativa, temos procurado estar atentas a essas questões.

Nas próximas seções do capítulo, apresentamos jogos de linguagem produzidos em nossos estudos, antes mencionados. Optamos por organizá-los em duas categorias, abarcando, a primeira delas, a práticas vinculadas à Aritmética e a segunda, àquelas ligadas à Geometria Plana. Ao realizar essa categorização, estávamos cientes de que "dividir é, sempre, uma operação problemática: permite que alguns aspectos sejam enfatizados, impossibilitando que outros possam ser melhor compreendidos" (KNIJNIK, 2010, p. 20). Mesmo assim, para fins didáticos, pareceu-nos produtivo correr esse risco.

Aritmética

Nesta seção, apresentamos os jogos de linguagem produzidos nos cinco estudos mencionados anteriormente e que estão vinculados àquilo que, na Matemática Escolar, é usualmente denominado de

Aritmética. Em tais jogos, foi recorrente a emergência de regras que fazem alusão à oralidade, arredondamento e decomposição.

Inicialmente, expressamos o entendimento dado ao termo "oralidade". Knijnik e Wanderer (2006c) alinham-se às teorizações do campo da Sociologia da Educação para as quais a noção de cultura "é compreendida como uma produção humana que não está, de uma vez por todas, fixa, determinada, fechada nos seus significados [...] [não sendo] entendida como algo consolidado, um produto acabado, homogêneo" (KNIJNIK; WANDERER, 2006c, p. 5). Operar com essa concepção de cultura implica, por um lado, considerar a oralidade praticada nas diferentes formas de vida "não como um corpo de conhecimentos "tradicionais que de modo 'congelado' é transmitido de gerações a gerações" (KNIJNIK; WANDERER, 2006c, p. 6) e, por outro, "não assumir um 'saudosismo' de lamentar o desaparecimento da Matemática oral" (KNIJNIK; WANDERER, 2006c, p. 6) e sua consequente desvalorização nos processos escolares formais. Knijnik ainda evidencia a importância de "examinar as práticas da Matemática oral sob a ótica dos processos sociais nos quais elas ganham seu significado" (KNIJNIK; WANDERER, 2006c, p. 5) e discutir "como são produzidos processos culturais envolvendo a Matemática oral e quais suas implicações curriculares" (KNIJNIK; WANDERER, 2006c, p. 5). Assim, "a matemática passa a ser vista como contingente, situada [...] como indissociável dos propósitos, das marcas culturais do contexto da qual ela é parte" (KNIJNIK; WANDERER, 2006c, p. 6).

As contingências de que fala Knijnik podem ser visualizadas quando um dos pedreiros entrevistados por Duarte (2003) – valendo-se da oralidade na realização de suas tarefas diárias – mostrou como operava para determinar a metade do comprimento de uma parede. Nesse processo, escolhia uma ripa de madeira que fosse visivelmente maior do que estimava ser a metade do comprimento da parede. Posicionando essa ripa em uma das extremidades da parede, fazia uma marca com giz no local onde se encontrava o final desta. Procedia de modo análogo com a outra extremidade. No final do processo, havia determinado um intervalo representado pelas duas marcas de giz. A seguir, com a trena, determinava a metade desse intervalo, o que correspondia ao ponto médio do comprimento da parede que buscava encontrar. A vantagem de tal método, segundo ele, é que os números "ficam pequenos e dá pra calcular de cabeça". O entrevistado justificou o seu uso dizendo que criava alternativas para superar as dificuldades que possuía com "os números grandes" e os algoritmos.

Outro exemplo pode ser observado no modo como um assentado entrevistado por Knijnik (2004) realizava a multiplicação de 92 x R$ 0,32 (correspondentes a 92 litros de leite produzidos e posteriormente vendidos a R$ 0,32). Inicialmente, dobrou o valor de R$ 0,32 obtendo R$ 0,64; a seguir, repetiu duas vezes a operação "dobrar", encontrando o valor de R$ 2,56 (correspondente a 8 litros). Somou a este o valor de 2 litros, antes calculado, encontrando, então, o valor de 10 litros de leite: R$ 3,20. O próximo procedimento foi, sucessivamente, ir dobrando os valores encontrados, isto é, obteve o resultado de 20, 40 e 80 litros. Guardando "na cabeça" todos os valores que ele foi computando ao longo do processo, o assentado terminou a operação adicionando ao valor de 80 litros (antes calculados), encontrando, assim, o resultado de 92 x R $0,32.

Cabe aqui mencionar como um aluno do grupo entrevistado por Giongo (2008) calculava a distância, em centímetros, que seria necessária manter para colocar três reforços de ferro, cada um com 50 centímetros de comprimento, espaçados igualmente no interior de uma grade de 3,18 metros que se encontrava quebrada numa baia de suínos. Relatou que "se fosse oitenta centímetros [de espaço], daria três metros e vinte, então sobram dois centímetros que divididos por quatro [total de espaços com as três estacas] dá zero vírgula cinco" (Giongo, 2008, p. 180-181). E completou oralmente: "Então, dá oitenta menos zero vírgula cinco, que é igual a setenta e nove vírgula cinco centímetros [referindo-se ao espaçamento entre cada uma das estacas]". Nesse jogo de linguagem, aliado à oralidade, é possível verificar a existência da regra que faz alusão ao arredondamento expressa quando o aluno entrevistado arredonda 3,18 metros para 3,20 visando facilitar os cálculos.

O mesmo grupo de estudantes, quando precisava encontrar a quantidade de ração a ser preparada para a alimentação de animais, também utilizava regras que remetem ao arredondamento. Questionados sobre os procedimentos adotados para que conseguissem exatamente 200,25 kg de ração, uma vez que a balança utilizada para a pesagem dos ingredientes não parecia adequada aos valores fracionários, os alunos foram unânimes ao comentar que, na hora do preparo da ração, utilizavam-se da "técnica do mais ou menos" (GIONGO, 2008, p. 172), ou seja, arredondavam os valores encontrados usualmente "para mais". Segundo um deles, "por exemplo, se dá 122 kg [de ração necessária para um determinado período para aves ou suínos], já faz 130" (GIONGO, 2008, p. 172). Essa quantidade "a mais" era necessária em função de possíveis perdas, desde o acúmulo de ração na máquina – impossível de ser retirado – até o desperdício no transporte da sala de ração para os aviários.

Além disso, os arredondamentos realizados pelos professores e alunos do estudo de Giongo (2008) não se davam de modo aleatório, pois algumas regras deveriam ser observadas. Em particular, ao realizar um hipotético arredondamento de três ingredientes para a composição de ração, com respectivos pesos de 13,75 kg, 4,25 kg e 0,25 kg, um dos professores disse que não se poderia simplesmente acrescentar 0,25 kg em cada um dos ingredientes. Tal impossibilidade decorria da diferença percentual ao se acrescentar 0,25 kg em 0,25 kg e esses mesmos 0,25 kg em 13,75 kg, pois acrescentar 0,25 kg em 13,75 kg equivaleria, em termos percentuais, ao acréscimo de menos de 1%; enquanto esse mesmo acréscimo, quando feito em 0,25 kg, corresponderia a 100% de acréscimo. Aliado a isso, o professor pontuou que quanto menor a quantidade, em kg, dos componentes, maior a dificuldade de arredondamento. Um argumento semelhante foi utilizado pelo aluno entrevistado da escola. Segundo ele, se fosse necessário acrescentar um quarto ingrediente numa ração na proporção de 3%, não seria possível simplesmente tirar 1% na proporção dos outros ingredientes sem antes avaliar se não haveria comprometimento dos valores nutritivos de cada ingrediente. E completou afirmando que "matematicamente não pode" (GIONGO, 2008, p. 179).

Outra das regras que emergiram do material de pesquisa provenientes das cinco investigações analisadas diz respeito à decomposição. Em especial, um dos entrevistados de Giongo (2008), ao explicar os cálculos realizados envolvendo a preparação de 150 kg de ração na proporção de 70% de milho e 30% de concentrado, comentou que: "Se fossem cem kg, daria setenta [quilos de milho], como são cento e cinquenta dá setenta mais trinta e cinco que dá cento e cinco quilos de milho" (GIONGO, 2008, p. 180). Igualmente, no cálculo do concentrado, disse: "30% de 150 = 30 [30% de 100] + 15 [30% de 50] = 45" (GIONGO, 2008, p. 180). Ao ser indagado por que utilizara tal estratégia em detrimento do uso da regra de três, o aluno afirmou: "na hora da prática, tento o que vou fazer" (GIONGO, 2008, p. 180).

O uso da estratégia de adicionar – a partir da decomposição dos valores a serem computados oralmente – primeiro as ordens de maior grau também pode ser evidenciada a partir dos estudos escrutinados. Diferentemente do algoritmo da adição ensinado na escola, nos procedimentos orais, os camponeses entrevistados por Knijnik (2004) consideravam, antes de tudo, os valores de cada parcela e o quanto faria diferença se tratar de centenas, dezenas ou unidades, isto é, davam prioridade aos valores que contribuíam de modo mais significativo para o resultado final. Como bem apontou um dos entrevistados ao realizar a operação 148 + 239, "primeiro a gente separa tudo [100 + 40 + 8 e 200 + 30 + 9] e depois soma primeiro o que vale mais [100 + 200, 40 + 30, 8 + 9]. [...] É isto [o que vale mais] que conta" (KNIJNIK, 2004, p. 9).

Na pesquisa de Wanderer (2007), também encontramos jogos de linguagem que fazem uso de regras como a decomposição. Os agricultores entrevistados pela autora, mesmo se referindo à situação de comercialização de carnes realizadas em outro tempo (meados do século passado), apresentam, em seus relatos, práticas marcadas pela oralidade e decomposição que foram geradas naquela forma de vida. Exemplo disso é a declaração de um dos entrevistados sobre como encontrava o valor a ser pago por clientes na compra de carnes. Mencionou que o quilo da carne custava R$ 4,20 e o comprador desejava dois quilos e 200 gramas. Segundo ele, "dois quilos dá 8 [reais] e 40 [centavos]. Eu faço primeiro a redonda né, os 4 reais. Faço 2 vezes 4, porque é 4 e 20. Faço primeiro o 4: 2 vezes 4 são 8. São 8 reais. Daí, mais 2 vezes 2 são 4, né. Isso tudo a gente tinha que fazer de cabeça" (WANDERER, 2007, p. 175). Quanto à quantidade de gramas, o entrevistado afirmou que "200 gramas, então, é 2 vezes 42, né. 100 gramas então dá 42 centavos. 100 gramas, né, porque 10 vezes 40 centavos dá 4 reais e os 2, então, dá 4, 40 centavos. Então tem que fazer 2 vezes 42" (WANDERER, 2007, p. 175). Ao completar sua explicação, enfatizou que "se um quilo custa 4 reais, então 100 gramas é 40 centavos, porque 10 vezes 4 são 40" (WANDERER, 2007, p. 175). Por fim, argumentou que, nesse processo de efetuar os cálculos seguia a regra de "primeiro fazer a conta cheia, deixa[ndo] os centavos fora" (WANDERER, 2007, p. 175).

Os exemplos até aqui mostrados podem ser pensados como jogos de linguagem que fazem uso de regras alusivas à oralidade, arredondamento e decomposição. Mais do que isso, é possível pensar que, nas pesquisas aqui apresentadas, há a produção de jogos de linguagem marcados pela oralidade que possuem fortes semelhanças de família entre si: os camponeses entrevistados por Knijnik (2004), assim como os alunos da Escola Técnica que participaram do estudo de Giongo (2008), os agricultores do trabalho de Wanderer (2007) e os pedreiros de Duarte (2003) mostram, em seus relatos, que efetuavam operações matemáticas orais por meio da decomposição e do arredondamento.

Quando o agricultor entrevistado por Wanderer diz "faço primeiro a redonda", está se referindo à multiplicação da parte inteira dos números decimais, que, no seu caso, é mais importante para a obtenção do valor total a ser pago pelos compradores de carne. A estratégia utilizada pela outra agricultora de "fazer primeiro os números pequenos" também se associa a esse raciocínio, uma vez que ela multiplica, em primeiro lugar, as dezenas e apenas "acrescenta os zeros" ao final, obtendo, assim, o resultado da operação.

Esse modo de operar é muito semelhante àquele dito pelo camponês entrevistado por Knijnik (2004), que afirma: "primeiro a gente separa tudo [referindo-se à decomposição dos números em centenas, dezenas e unidades] e depois soma primeiro o que vale mais [centenas com centenas, dezenas com dezenas e unidades com unidades]. [...] É isto [o que vale mais] que conta". E pode-se dizer, ainda, que esta é a forma utilizada pelo aluno participante do estudo de Giongo (2008) que, ao realizar uma operação envolvendo porcentagem, usa a decomposição. Já, o pedreiro entrevistado por Duarte (2003), ao utilizar as ripas para determinar a metade de uma parede, fazia-o com o intuito de tornar os números "pequenos", sendo, assim, possível efetuar os cálculos "de cabeça".

Estudos como o de Ramos e Gayer (2009) também aludem à produção de jogos de linguagem que fazem uso da decomposição e oralidade. Ao acompanharem as práticas laborais de uma família de agricultores-feirantes e seus funcionários residentes no município de Osório, interior norte do Rio Grande do Sul, um dos entrevistados, para somar R$ 1,50 mais R$ 0,80, explicou o modo como calculava o preço das hortaliças e temperos que vendia. Segundo ele, subtrai-se primeiro os 30 centavos dos 80 centavos: "Tirando os 30 fiquei com 50; daí 1 [real] e 50 [centavos] que eu tinha mais 50 vai dar 2 reais. Daí por último coloco os 30 que eu tinha tirado" (RAMOS; GAYER, 2009, p. 10). O entrevistado explica que faz essa operação para eliminar "a parte muito quebrada da conta, a parte ruim da conta. Logo, no fim vai dar 2 [reais] e 30 [centavos]" (RAMOS; GAYER, 2009, p. 10).

Na próxima seção, apresentam-se as regras que conformam os jogos de linguagem que emergiram das investigações e aludem a unidades e medidas lineares e de superfície.

Medidas

Nesta seção, examinamos jogos de linguagem matemáticos que, conforme mencionado na introdução do capítulo, são provenientes das investigações que realizamos. O material de pesquisa aqui utilizado é composto por jogos de linguagem cujas regras fazem uso de medidas lineares e de superfície e suas respectivas unidades, quer sejam vinculadas a formas de vida escolar ou a outras formas de vida. Mesmo enfatizando mais esses aspectos, é importante salientar que, em alguns desses jogos, podemos identificar a presença de regras vinculadas à estimativa, oralidade e arredondamento.

Para iniciar a discussão, escolhemos os jogos de linguagem presentes em nossos estudos, que fazem uso de unidades de medidas que diferem daquelas usualmente presentes na disciplina Matemática. O primeiro deles se refere a como um funcionário de uma fábrica de calçados encarregado de abastecer as esteiras por onde circulavam

Formas de vida e jogos de linguagem matemáticos

os sapatos – que necessitavam, para sua confecção, fitas e linhas – procedia para calcular a quantidade suficiente desses acessórios. Em particular, afirmou que, se fosse indispensável uma grande quantidade de um determinado tipo de fio, esta era calculada em gramas. Ao ser questionado por que procedia a separação em gramas e não em metros, disse que era "muito complicado medir em metros e que em gramas é [era] muito mais fácil" (GIONGO, 2001, p. 86). É possível inferir que na forma de vida fabril calçadista investigada por Giongo (2001) seria praticamente impossível a medição de fios mediante a prática de medidas lineares que é usualmente praticada na Matemática Escolar – razão pela qual gramas se constituiu em unidade padrão de medida. Operando com as ideias da maturidade de Wittgenstein expressas na introdução, é possível compreender que, na fábrica pesquisada, o procedimento de calcular a quantidade necessária de fio por meio de gramas está fortemente atrelado às contingências daquela forma de vida.

A existência de unidades de medida vinculadas a formas de vida não escolares também é estudada por Santos (2005). Ao examinar os modos de produção em assentamentos do nordeste sergipano e as unidades de medidas neles envolvidos, a autora evidencia que, na confecção de tarrafas – redes feitas de náilon e utilizadas na pesca individual – os assentados utilizavam, nas medições, unidades como o palmo "determinado a partir da distância da ponta do dedo polegar até a ponta do dedo mínimo" (SANTOS, 2005, p. 81).

Para medir a terra – atividade necessária quando os assentados precisam contratar os serviços de terceiros para realizar a limpeza antes do plantio –, os agricultores entrevistados por Santos (2005) se valiam da tarefa como unidade de área (uma tarefa equivalendo 25 varas quadradas ou 100 varas). Nesse procedimento, o corpo também era referência para a determinação de comprimentos: ao apontar a necessidade de medir, em metros, determinado comprimento, um dos entrevistados evidenciou que "então corto uma varinha fina, aí boto no dedo grande, estico aqui [do dedão do pé até um pouco abaixo da cintura] e tenho um metro. Pode pegar um metro desses da praça pra ver que dá certinho. Nós temos essas ideias aqui no interior" (SANTOS, 2005, p. 106).

A autora ainda mostra que, embora afirmassem que a vara e a tarefa eram utilizadas nos assentamentos para medir as terras, os camponeses viram-se obrigados "a padronizar a vara para 2,20 m à medida que as unidades do sistema métrico oficial lhes foram impostas, principalmente quando conquistaram a posse da terra e precisaram dividi-la em lotes iguais entre as famílias" (Santos, 2005, p. 106). Ademais, para a determinação do tamanho do lote que cabe a cada família, o Instituto Nacional de Colonização e Reforma Agrária (Incra) utiliza o hectare – "medida do sistema métrico oficial que corresponde a 10.000 m² ou à área de um quadrado de lado equivalente a 100 m" (Santos, 2005, p. 106). Como os assentados "não compreendiam essa linguagem" – a do sistema métrico oficial – o Incra e os próprios assentados "promoveram uma 'tradução' do hectare em tarefas, para que as pessoas compreendessem como havia sido distribuída a área assentada" (Santos, 2005, p. 106). Assim, conclui a autora, medir, para este grupo de assentados "implica, portanto, fazer uso de dois referenciais: o corpo humano e o metro" (Santos, 2005, p. 106).

Unidades de medidas que diferem daquelas usualmente presentes na Matemática Escolar também foram discutidas por Oliveira (2011). A autora, ao examinar os jogos de linguagem matemáticos de formas de vida de agricultores de um pequeno município gaúcho, evidenciou a utilização de unidades como braças, palmo (para medir comprimentos) e tamina (para a medição de áreas). Essa última, segundo seus entrevistados, equivale à medida de uma área de 10 braças por 20 braças, sendo que uma braça equivale a 2 metros e 20 centímetros.

Ao indagar um agricultor sobre a quantidade de taminas que plantou para colher dois mil quilos de aipim, imediatamente, respondeu "três taminas". Ao questioná-lo se havia feito alguma conversão de unidades de medidas ou cálculo, a autora infere que "sua resposta se deu pela experiência na agricultura em plantar numa superfície com determinada quantidade de taminas, obtendo a colheita de uma determinada quantidade de produtos" (Oliveira, 2011, p. 56). Ainda de acordo com a pesquisadora, o entrevistado expressou que "para colher 'uns dois mil quilos de aipim', disse que se planta 'umas três taminas'" (Oliveira, 2011, p. 56).

Ainda com relação à emergência de unidades de medida de áreas, vale destacar o estudo de Knijnik (2006a). A autora evidenciou que a quarta é uma medida de área utilizada na forma de vida camponesa, equivalendo à quarta parte de um alqueire. Segundo ela, conforme a região do país, tais medidas assumem valores diferenciados, mantendo, no entanto, seu coeficiente de proporcionalidade. O grupo por ela entrevistado utilizava como medida do alqueire 24.200 metros quadrados (conhecido como alqueire paulista), correspondendo, assim, à quarta, 6.050 metros quadrados. Durante a investigação efetivada por Knijnik, alguns alunos também conheciam a relação do alqueire com o hectare – 10 mil metros quadrados –, mas defenderam a sua não utilização. Como bem expressou um dos alunos, "não se usa dizer quantos hectares tem numa quarta" (KNIJNIK, 2006a, p. 112). Segundo a autora, possivelmente "a conversão de 6.050 metros em 0,650 hectares dificulta a execução dos cálculos, por envolver um número menor que a unidade" (KNIJNIK, 2006a, p. 112).

Cabe neste momento salientar que as unidades métricas, tais como as conhecemos, são frutos da imposição do assim chamado Sistema Métrico Decimal que, no Brasil, foi alvo de revoltas. Santos (2005), em especial, enfatiza as consequências dessa imposição na região Nordeste. A autora evidencia que, na época da imposição do Sistema Métrico – por volta de 1860 –, a região vivia uma crise econômica sem precedentes, principalmente pela queda do preço do açúcar e algodão – base da economia – no mercado internacional. Com o fim da Guerra da Sucessão e a economia recuperada, o algodão estadunidense reduziu seu preço, impossibilitando os produtores do sertão nordestino de competirem no mercado. Ao mesmo tempo, a modernização empregada na produção de açúcar europeia foi determinante para que o Brasil não mais pudesse concorrer no mercado internacional.

A autora ainda menciona que, contrariando as expectativas dos trabalhadores rurais – que esperavam auxílio governamental – houve a majoração na cobrança de impostos, inclusive com a inserção do assim chamado "Imposto do Chão", taxa cobrada aos feirantes para permitir a comercialização dos produtos nas feiras. Nesse período, o povo viu também aumentar seu descontentamento com o governo por conta de conflitos sociais internos – religiosos e políticos. Assim, "no nordeste, particularmente no interior da Paraíba, Pernambuco, Alagoas e Rio Grande do Norte, surgiu a Revolta dos Quebra-quilos, uma revolta popular liderada pela população mais pobre do interior e de algumas cidades" (SANTOS, 2005, p. 61).

Santos (2005) ainda mostra que houve a participação de mulheres nesse movimento, bem como de escravos que esperavam conquistar a liberdade após o término da revolta. Assim, para a autora, a ação empreendida pelos revoltosos consistia em ocupar as cidades, "principalmente nos dias de feira, quando havia concentração de muita gente e, com palavras de ordem, quebrarem ou inutilizarem os novos pesos e medidas, ainda rasgando e queimando os documentos das Câmaras Municipais e destruindo arquivos dos cartórios" (SANTOS, 2005, p. 64). O governo, para reprimir a revolta, "enviou um arsenal para as províncias da Paraíba e de Pernambuco, equivalente ao que enviaria para um campo de batalha numa guerra, puniu culpados e inocentes" (SANTOS, 2005, p. 65).

Modos imanentes de operar com a Matemática, em especial no que se refere à adoção de unidades de medidas diferentes das padronizadas na Matemática Escolar, também são estudados por Knijnik (2007b).

Ao analisar os jogos de linguagem da Matemática Camponesa usados pelos agricultores do sul do país para medir uma determinada superfície para o plantio, Knijnik (2007b, p. 19) relata que um desses jogos consiste em calcular o "tempo de trator utilizado para carpir", isto é, preparar a terra para o plantio. Segundo um dos camponeses, "a gente põe o trator em cima da terra. Trabalhando com ele três horas, dá certinho um hectare" (KNIJNIK, 2007, p. 17). Nessa prática "tempo e espaço são mesclados: o tempo de três horas é um hectare, e um hectare são três horas. É o trator – mais precisamente os custos envolvidos em seu uso – que estabelece uma estreita vinculação entre tempo e espaço" (KNIJNIK, 2007, p. 17). Para hipótese levantada pela pesquisadora é que "para fins de cultivo em suas comunidades, possivelmente a hora de uso do trator seja um dado mais relevante que uma eventual precisão relativa à área plantada" (KNIJNIK, 2007, p. 17). Nessa ótica, "uns metros a mais, uns a menos, não faz diferença", como bem explicou o camponês. Assim, "a hora de uso do trator seja um dado mais relevante que uma eventual precisão relativa á área plantada" (Knijnik, 2007, p. 17). Isto é, ao não dar grande importância à exatidão da área a ser carpida, o assentado se valeu da regra do arredondamento.

Outro exemplo da utilização de arredondamentos na determinação de áreas e perímetros pode ser evidenciado quando os alunos entrevistados por Giongo (2008) necessitavam determinar uma fração da área do aviário que seria destinada à colocação de frangos mais novos. Como a quantidade das aves era pequena, não era preciso que estas ocupassem toda a área do aviário, razão pela qual se previa a construção de um espaço menor, em forma de retângulo, no interior do próprio estabelecimento. Mesmo valendo-se "da fórmula" para a área de um retângulo, quando destinou o local para a delimitação desse espaço, o professor não se preocupou se a figura demarcada possuía "exatamente" os lados paralelos iguais e os quatro ângulos retos. Ao ser questionado sobre a delimitação da área não ser exatamente um retângulo, o docente expressou que "trabalhamos como se fosse um retângulo, pois os trinta metros é uma área mínima, eu posso deixar um pouco mais, não tem problema [...] [o importante] é ter espaço suficiente para que eles [referindo-se aos frangos] se sintam bem" (GIONGO, 2008, p. 175-176). A respeito da não necessidade de usar régua para medir os lados que comporiam o retângulo no momento de cercar a área menor, outro aluno entrevistado expressou: "tu pega prática, é a mesma coisa que dirigir um carro; tem que ter espaço" (GIONGO, 2008, p. 176).

Os jogos de linguagem envolvendo o cálculo de área praticados pelos entrevistados de Giongo (2008) usam como regras, além do arredondamento, estimativas – ou, em suas palavras, o "olhômetro". Nesses jogos, considerar como retângulo uma figura que não tenha "exatamente" os quatro ângulos retos é prática usual, da mesma forma que o uso da técnica do "olhômetro" era amplamente utilizado. Nas palavras de um professor das disciplinas técnicas, "todo o mundo faz isso" (GIONGO, 2008, p. 178).

Quanto ao uso de estimativas, é importante destacar o modo como os entrevistados de Giongo (2001) operavam com a maximização de um cartão de papel. Na fábrica de palmilhas, de posse de uma navalha, produzida na metalúrgica, o trabalhador não a colocava aleatoriamente sobre o cartão de papelão. Ao contrário, adotava um processo de maximização de modo que fizesse caber o maior número possível de palmilhas por cartão. Os entrevistados aludiram que, para aprender a distribuir nelas o maior número de palmilhas, eram necessárias horas de treinamento. Este obedecia a duas premissas básicas: a velocidade e a economia do cartão. Segundo o responsável pela produção, não era preciso mostrar aos trabalhadores as tabelas desenvolvidas por técnicos e computadores que, segundo ele, forneciam, em suas palavras, "a maneira mais econômica de utilização do cartão" (GIONGO, 2001, p. 90). Acrescenta, ainda, que "os rapazes [os trabalhadores] treinam e depois apenas fazem" (GIONGO, 2001, p. 90). Um dos entrevistados afirmou que "de tanto fazer [os cortes], já sei de cor" (GIONGO, 2001, p. 90).

Estimar valores na determinação de perímetros também pode ser evidenciado quando um grupo de pedreiros entrevistados por Duarte (2003) construía estribos – retângulos de ferro que têm como finalidade "amarrar" as barras, também de ferro, que devem ser colocadas dentro das vigas e coluna. Tal construção estava dividida em três etapas distintas: a preparação da fôrma de madeira, que, após a secagem do concreto, era retirada; a preparação das ferragens (armaduras), que eram colocadas dentro da fôrma de madeira e a concretagem, que dizia respeito à colocação da massa (areia, cimento, brita e água). Apesar de existir a possibilidade de adquirir os estribos prontos, em todas as obras observadas eram os próprios trabalhadores – pedreiros e serventes – que os construíam; somente para obras de "grande porte" eram comprados prontos. Segundo um dos trabalhadores, "o estribo sempre tem que ter três centímetros a menos que o tamanho final da coluna. Se a coluna é de trinta [trinta centímetros de comprimento], o estribo tem que ser de vinte e sete [centímetros]. Assim, ainda segundo ele, fica sobrando um e meio [centímetros] pra cada lado. Pra pôr a massa, e não aparecer o ferro" (Duarte, 2003, p. 74).[1] Outro entrevistado aludiu que "Se a coluna é de trinta [trinta centímetros de comprimento], faço estribo de vinte e sete [vinte e sete centímetros] pra sobrar espaço para o concreto" (Duarte, 2003, p. 74).

Aliados à estimativa, os entrevistados de Duarte também usavam regras vinculadas ao arredondamento. De fato, o mesmo entrevistado cortava os ferros para a construção de estribos e, ao ser indagado sobre as medidas que cada um destes teria, respondeu: "É vinte dois e meio por nove" (Duarte, 2003, p. 75). Embora um retângulo com tais dimensões perfizesse um perímetro de sessenta e três centímetros, quando interrogado sobre o comprimento que cortaria cada pedaço da barra de ferro correspondente a um dos estribos, o pedreiro entrevistado prontamente respondeu: "Sessenta e nove, setenta... [centímetros]" (Duarte, 2003, p. 75). Questionado como procedera para encontrar tal resultado, ele, rapidamente, explicou que inicialmente juntou "quarenta e cinco mais dezoito mais seis, que é igual a quatorze... dezenove que dá sessenta e nove" (Duarte, 2003, p. 75). E prosseguiu a explicação, afirmando que "tenho que medir aqui a largura, né tenho que fazer com nove; essa aqui tem nove, são dezoito, mais duas vezes vinte e dois e meio são quarenta e cinco. Só que eu tenho que deixar mais um pouquinho que é pra dobrar. Por fim, argumentou que tem que dar mais seis centímetros, então dá sessenta e nove... setenta" (Duarte, 2003, p. 75).

Ao analisar o modo como o pedreiro calculava o perímetro, é possível perceber que ele alicerçava seus conhecimentos nas necessidades práticas da construção de estribos. Era imprescindível, naquela situação, acrescentar aproximadamente seis centímetros para que o estribo formado por esses ferros se mantivesse no formato retangular. Segundo o entrevistado, "Pra poder amarrar bem. Não pode deixar

---

[1] Três aspectos merecem ser destacados nesta fala. O primeiro diz respeito à expressão "fica sobrando", utilizada pelo entrevistado. Ela significa que, se considerarmos o comprimento total da coluna (trinta centímetros), o estribo terá, em relação a esta, três centímetros a menos. O segundo aspecto é que o entrevistado somente se referiu à coluna, mas seu raciocínio é válido para a construção de vigas. O terceiro é que ele mencionou unicamente o comprimento, porém, para construir os estribos, há necessidade de que o comprimento e a largura sejam indicados.

ele parelhinho assim [sem traspassar os ferros]. Senão ele não amarra [...]" (DUARTE, 2003, p. 75).

As explicações do pedreiro são produtivas para o entendimento que, na forma de vida da construção civil, para produzir um retângulo "de verdade" utilizando como matéria prima o ferro, é necessário mais do que o valor do seu perímetro. Ainda mais, para garantir a medida do lado, é imperioso, segundo ele, diminuir um centímetro "devido às voltas". É possível inferir, portanto, que, diferentemente das regras da Matemática Escolar – em que os retângulos construídos na sala de aula podem ser pensados como sem "amarras", soltos, desconectados dos "detalhes", aquele desenhado pelo pedreiro entrevistado por Duarte (2003) estava "encharcado" pelas contingências daquela forma de vida. Noutra situação, ao conversar com um pedreiro sobre a prática que ele utilizava para "aprumar a parede", ele comentou: "Isto não vem escrito, é da mente. A planta [planta-baixa] vem certinha. A gente faz isso pra endireitar a parede. No papel é tudo certo, na realidade é diferente. A gente inventa pra dar certo" (DUARTE, 2003, p. 82).

Modos de operar matematicamente com questões vinculadas ao que, na Matemática Escolar, denominamos Geometria Plana, também podem ser observados nos estudos de Paulus Gerdes (2010). Ao narrar um episódio ocorrido em uma das sessões do curso "Geometria Euclidiana Plana", destinado a professores em formação de Moçambique – muitos deles provenientes das zonas rurais – Paulus Gerdes relata que, de início, seus estudantes duvidaram que os camponeses e construtores rurais possuíssem conhecimentos de geometria. No entanto, ao pesquisarem em suas comunidades como os moradores construíam as bases retangulares das tradicionais casas de suas regiões, Gerdes escreve que os professores se deram conta de que os construtores rurais começavam o processo estendendo no chão dois paus de bambu com comprimento igual àquele que a casa teria. A seguir, os dois paus eram combinados com outros dois de igual comprimento; porém menores que os dois primeiros. Após isso, estes eram ajustados, para que formassem um quadrilátero. O último passo consistia em ajustar o quadrilátero até que as diagonais, medidas com uma corda tivessem o mesmo comprimento. Assim, "onde ficam os paus estendidos no chão são então desenhadas linhas e a construção da casa pode começar" (GERDES, 2010, p. 22).

Sintetizando o que até aqui apresentamos neste capítulo, podemos dizer que as regras que constituem os jogos de linguagem mostrados nas pesquisas de Giongo (2001; 2008) e Duarte (2003) fazem alusão à estimativa e aos arredondamentos. Além disso, aqueles presentes no estudo de Giongo (2001) têm semelhanças de família com os analisados por Knijnik (2007b), Santos (2005) e Oliveira (2011) no que se refere à utilização de unidades de medida não convencionais como, por exemplo, gramas para determinar a quantidade de linha e horas de trabalho de um trator para determinar a área. Na próxima seção, nos dedicamos a discutir as implicações curriculares decorrentes das cinco investigações por nós realizadas.

Implicações curriculares

Com base nos exemplos de jogos de linguagem matemáticos praticados em diferentes formas de vida que apresentamos nas duas seções do capítulo – jogos que seguiam regras associadas à oralidade, estimativa e arredondamento – podemos agora indagar se haveria semelhanças de família entre tais jogos e aqueles praticados usualmente na forma de vida escolar. Uma primeira resposta a essa indagação, feita a partir de nossas pesquisas, consiste em afirmar que, em maior ou menor grau, há semelhanças entre tais jogos.

Os exemplos de jogos de linguagem matemáticos mostrados por Duarte (2003), Wanderer (2007) e Giongo (2001; 2008) permitem inferir que os mesmos possuem "fracas" semelhanças com os jogos de linguagem da Matemática Escolar. No estudo de Wanderer (2007), por exemplo, um dos entrevistados, ao reportar-se às suas aulas de Matemática, afirmou que "os cálculos, na escola, tinham que ser feitos na pedra. Depois, quando a gente ficou, assim, nos últimos anos, no terceiro e quarto ano, daí, já tinha que escrever dentro do caderno, né" (WANDERER, 2007, p. 167).

Além de posicionar a Matemática Escolar como um conjunto de jogos de linguagem marcados pela escrita, ele destacou também a necessidade, como aluno, de seguir as regras, fórmulas e "mostrar como se faz". Em suas palavras: "Tinha que fazer a conta. Se tu sabe na cabeça, não podia botar lá só o valor, tinha que fazer a conta, ele [professor] queria ver" (WANDERER, 2007. p. 167). Ao ser questionado sobre a forma de resolver um dos problemas da cartilha de Matemática[2] usada na escola, ele expressou o quanto a oralidade – marcada pela estimativa, arredondamento e decomposição, como abordado anteriormente – não se fazia presente nas aulas de Matemática. "Eu fiz a conta certa, né, mas o professor já me castigava porque eu não mostrei como é que eu fiz. Ele queria que a gente mostrasse como é que você fez, né. Aí, não podia dizer 'não sei'. Ele queria saber onde tu tomou nota" (WANDERER, 2007, p. 167).

Os entrevistados de Wanderer (2007) relataram que na escola era necessário "fazer a conta escrita, pois o professor queria ver, queria que a gente [os alunos] mostrasse como foi feita a conta" (WANDERER, 2007, p. 167). Ademais, suas falas nos mostraram que, nas aulas de Matemática, eram valorizados o formalismo e a escrita. Como comentou um deles, o professor exigia que as contas efetuadas pelos alunos fossem mostradas no quadro negro de acordo com as regras da Matemática Escolar: "[o professor] botava lá uma conta que tu tinhas que fazer. Por exemplo, uma conta de dividir, ele botava lá: tanto dividido por tanto. Então, tu tinha que fazer a conta no quadro negro" (WANDERER, 2007, p. 172). Explicou que era muito importante os alunos saberem a tabuada "de cor", pois "tinha escrita [a tabuada] no caderno e, daí, tinha que estudar" (WANDERER, 2007, p. 172). Outro colono disse que a tabuada deveria ser bem estudada e "sem nunca contar nos dedos, o que era proibido pelo professor e de tanto repetir em voz alta, ficou tão bem gravada na memória dos alunos com raras exceções como gravado está o dia do seu aniversário de qualquer criança em idade escolar" (WANDERER, 2007, p. 199).

Os exemplos que aqui apresentamos tiveram a intenção de mostrar como a Matemática Escolar se constitui em um corpo hierarqui-

---

[2]   As cartilhas examinadas consistem nos volumes 1 e 2 da obra *Meu livro de contas*, escrita por W. Nast e L. Tochtrop (1933), utilizadas em grande parte das escolas evangélico-luteranas brasileiras no período da Campanha de Nacionalização.

zado de conhecimentos, sustentado por pré-requisitos que acabam por instituir uma racionalidade específica naquela escola, no período da Campanha de Nacionalização. Essa racionalidade é formada por regras que destacam a importância de decorar a tabuada e de efetuar as contas de maneira escrita, seguindo a lógica dos algoritmos e apresentando todas as etapas de sua realização. Pode-se, assim, dizer que o estudo de Wanderer (2007) mostra que os jogos de linguagem que conformam a Matemática Escolar da forma de vida investigada, sustentados pela escrita e pelo formalismo, apresentam fracas semelhanças de família com os gerados nas atividades cotidianas dos sujeitos entrevistados, marcados pela decomposição e pela estimativa, conforme evidenciado anteriormente.

O estudo de Duarte (2003), por sua vez, mostra que há fracas semelhanças de família entre os jogos de linguagem ali praticados e aqueles que conformam a Matemática Escolar. De fato, ao realizar a parte empírica da pesquisa, a autora identificou situações em que um mesmo conhecimento matemático era posto a operar de modo diferenciado na forma de vida da construção civil e na de vida escolar. Assim, por exemplo, de modo análogo ao descrito por Knijnik (2006a), seus entrevistados, para marcar um ângulo reto, utilizavam a terna (60, 80, 1), correspondendo a 60 centímetros, 80 centímetros e 1 metro. Esse jogo de linguagem matemático é, em geral, diferente daquele transmitido na forma de vida escolar. Em nossas aulas de Matemática, é bem usual que, para ensinamos o Teorema de Pitágoras, desenhemos no quadro-verde um triângulo retângulo. Com isso, a representação gráfica já pressupõe o ângulo reto. A partir de então, são informados os valores de dois lados desse triângulo e questionada a medida do terceiro lado.

No entanto, diferentemente dos ensinamentos escolares, as práticas descritas por Knijnik (2006a) e Duarte (2003), nas quais os princípios do Teorema de Pitágoras se faziam presentes consistiam em verificar se os valores atribuídos às medidas dos três lados formavam um triângulo que tivesse um ângulo reto, isto é, um triângulo retângulo. Ou seja, o importante no jogo de linguagem "fazer o gabarito" é garantir a existência do ângulo reto. Assim, enquanto na forma de vida da construção civil o relevante é a implicação –

se três lados de um triângulo satisfazem a terna pitagórica, logo, o triângulo é retângulo – na Matemática Escolar é sua recíproca aquela usualmente ensinada.

A análise do material de pesquisa de Giongo (2008) apontou para a existência de regras que conformam os jogos de linguagem associados à gramática da disciplina Matemática. Uma dessas regras – o formalismo – pôde ser observada quando a autora examinou os materiais escritos da disciplina Matemática para os três anos do curso. Neles, uma mesma ordem de apresentação se fazia presente: primeiro, o conceito era enunciado; a seguir, havia um exercício, usualmente resolvido e, após, as longas listas, que, como destacou em uma das entrevistas, deveriam ser resolvidas na sequência em que estavam postas. Os exercícios primavam pelo uso de expressões vinculadas à Matemática Acadêmica, expressas, entre outros, pelo uso das letras "x" e "y" nas equações constantes do polígrafo da disciplina, tais como $6x=24$ e $1/x+1/x-1=3/2$.

Nos exercícios dos materiais analisados, também é recorrente o uso de números inteiros e múltiplos de 10, como, por exemplo, nos exercícios "A altura de um paralelogramo mede 10 cm. A medida da base é igual ao dobro da medida da altura. Calcule a área". Ou "Um livro tem marcado seu preço na capa: R\$ 36,00 e é vendido nas livrarias com 30% de lucro sobre o preço da capa. Quanto lucrou um livreiro que vendeu 280 desses livros?"

No estudo de Giongo (2001), também se evidenciam fracas semelhanças de família entre os jogos de linguagem praticados na forma de vida fabril calçadista e aqueles que conformam a Matemática Escolar presente naquela forma de vida. O uso maximizado do papel para a distribuição das palmilhas no cartão é uma prática que tem ligações com a Matemática Escolar, mais especificamente com a área da Geometria. Entretanto, foi possível constatar que, na escola pesquisada, o modo de "combinar o côncavo e o convexo" estava ausente no currículo da disciplina Matemática. De modo análogo, na metalúrgica responsável pela confecção de navalhas que, posteriormente, serviriam de moldes para a produção de palmilhas para os calçados, a autora relata que, para determinar o ponto médio de uma barra de, aproximadamente, 50 centímetros, um funcionário da metalúrgica indicou uma tora de lenha e, sobre ela, um pequeno suporte de ferro. Colocando a barra sobre esse suporte, foi ajustando-a até que ficasse em equilíbrio. Ao terminar essa operação e utilizando-se da estimativa, afirmou que "tenho certeza que aqui está o meio, enfatizando que não me aperto para fazer contas e tirar medidas. Tenho problemas de leitura, mas não de contas" (GIONGO, 2001, p. 89). Entretanto, a verificação do ponto médio da barra de ferro executada na metalúrgica diferia daquele empregado na escola estudada por Giongo (2001). Nesta, o compasso era o único meio utilizado, enquanto na metalúrgica tudo se resumia a uma tora e a um suporte de madeira.

Igualmente, os procedimentos praticados pelos funcionários da fábrica de calçados para determinar a quantidade de fio necessária para a costura diferiam substancialmente daqueles praticados na escola que os alunos trabalhadores frequentavam. Enquanto nesta o trabalho pedagógico estava centrado basicamente na utilização do metro, seus múltiplos e submúltiplos, naquela, a quantidade era verificada por meio da unidade grama.

No trabalho de Knijnik (2004), por sua vez, constata-se que há maior semelhança de família entre os jogos de linguagem da forma de vida camponesa e aqueles que engendram a Matemática Escolar. Por exemplo, ao se referirem às práticas pedagógicas geradas nas escolas do MST, um dos professores expressou que "as contas de cabeça fazem parte da vida das pessoas, inclusive das crianças [...] quando elas entraram na escola, já trouxeram este jeito de fazer contas" (KNIJNIK, 2004, p. 15). Ainda com relação ao trabalho pedagógico junto aos alunos dos acampamentos, um dos educadores comentou: "eu tive alguns educandos dos quais eu trabalhava que tinha uma habilidade muito grande para fazer as contas, muito rápido, de cabeça, mas eles tinham dificuldade de passar para o papel". Entretanto, segundo ele, "isso não importava, o que importava era eles saberem" (KNIJNIK, 2004, p. 15).

Os excertos acima mostram que as práticas pedagógicas das escolas do MST buscam valorizar os distintos modos de viver e de operar com a matemática dos assentados. Segundo os entrevistados, esse "jeito de fazer matemática" envolve, por exemplo, o uso de distintas unidades de medida e o "fazer contas de cabeça", o que difere do observado por Wanderer (2007).

As entrevistas realizadas no estudo de Knijnik (2004) destacam que as práticas pedagógicas das escolas do MST incorporam "a vida da comunidade, porque muitas vezes os educandos trazem para a sala de aula situações, problemas, que são resolvidos na sala de aula e voltam para a comunidade" (KNIJNIK, 2004, p. 15). Utilizando as ideias de Wittgenstein, brevemente apresentadas no capítulo 1, fomos levadas a pensar que o conjunto de jogos de linguagem que constituem a oralidade da forma de vida camponesa sem-terra apresenta fortes semelhanças de família com os que conformam a Matemática Escolar. Possivelmente, essas aproximações ocorrem pelo fato de a escola do MST estar organizada, nas palavras de uma educadora do movimento, pelos "princípios gerais da escola, que é escola do campo, promovendo os valores gerais do desenvolvimento da pessoa humana, trabalhando integrado com a comunidade" (KNIJNIK, 2004, p. 15).

Outro entrevistado reforçou essa ideia, dizendo que "a escola busca valorizar o que o povo sabe [...] E nós, como eu dizia, buscamos valorizar o jeito desse povo viver, o jeito de conversar e também o jeito dele fazer matemática, ou seja, dele calcular, de medir. [...]" (KNIJNIK, 2004, p. 15). Com relação às medidas de comprimento abordadas em sua prática pedagógica, expressou que "a maioria do nosso povo não é carpinteiro, mas todos sabem fazer um barraco, inclusive alguns até brincam dizendo que já estão 'craque', quase profissionais na construção de barracos" (KNIJNIK, 2004, p. 15). Nesse sentido, em oposição à maioria das escolas onde o trabalho pedagógico está centrado no metro, seus múltiplos e submúltiplos e "se esquecem de falar que existem outras unidades para medir [...], a maioria das pessoas [do assentamento] não tem trena e todas constroem seus barracos, mas usam para medir: o passo, o pé, o palmo, a corda, a sua própria altura, né" (KNIJNIK, 2004, p. 15). Entretanto, os camponeses sabem que "estes jeitos de medir não pode um medir uma linha e o outro medir outra, pois dá diferença" (KNIJNIK, 2004, p. 15). Assim, ainda, segundo eles, "na escola nós também ensinamos o metro, seus múltiplos e submúltiplos porque entendemos que é a nossa tarefa enquanto professor e também tarefa da escola" (KNI-JNIK, 2004, p. 15). Por fim, um entrevistado afirma: "mas não ensinamos só isso, como disse, mas antes trabalhamos com o que está presente no dia-a-dia das pessoas e depois o conhecimento que estão nos livros" (KNIJNIK, 2004, p. 15).

Os exemplos e as reflexões que fizemos neste capítulo podem ser produtivos para entendermos quais conhecimentos e quais variáveis interferem diretamente na constituição dos jogos de linguagem vinculados a distintas formas de vida. Também nos mostram como a disciplina Matemática, ao não incorporar tais variáveis e conhecimentos em seu currículo, acaba por reforçar as já demarcadas fronteiras entre os jogos de linguagem matemáticos das distintas formas de vida e aqueles usualmente enfatizados na Matemática Escolar.

Capítulo III

O discurso da Educação Matemática "em questão"

Uma das dimensões de nossa perspectiva etnomatemática, que apresentamos na Introdução do livro, consiste em "analisar os discursos eurocêntricos da Matemática Acadêmica e da Matemática Escolar e seus efeitos de verdade". Neste capítulo, queremos exemplificar como, em nossas pesquisas, temos trabalhado com essa dimensão. Assim, nossa intenção é examinar alguns dos enunciados que conformam o discurso da Educação Matemática, enunciados que têm sido considerados "verdades" inquestionáveis sobre o ensinar e o aprender matemática.

Por terem adquirido o caráter de inquestionável, essas "verdades" nos impedem, muitas vezes, de vê-las e percebê-las de forma diferente. São enunciados tantas vezes repetidos, reativados em diferentes espaços-tempos que nos dão a ideia de que sempre estiveram aí e que caberia ao "bom" professor identificá-las e reativá-las em suas salas de aula. Como algo naturalizado, os enunciados que constituem o discurso contemporâneo da Educação Matemática acabam funcionando como prescrições, que são legitimadas nos cursos de Licenciatura em Pedagogia e Matemática, guiando as decisões dos professores sobre o que levar em consideração na hora de propor práticas pedagógicas escolares para o ensino da Matemática. Portanto, questionar essas "verdades" assume um lugar importante nas reflexões do campo da Educação Matemática. Igualmente importante é refletir sobre a constituição e as diferentes estratégias acionadas em sua propagação.

Como ponto de partida da discussão, narramos uma historieta (KNIJNIK, 1998), ocorrida na primavera de 1958 na cidade de Porto Alegre, capital do Estado do Rio Grande do Sul. Naquela época fazia parte do cotidiano de jovens estudantes o exame de admissão que, como o próprio nome sinaliza, tinha como finalidade selecionar os estudantes "aptos" para o preenchimento das vagas disponibilizadas pelo sistema escolar estadual. Assim, ao findar com sucesso o quinto ano de escolarização, o aluno era submetido a um exame que era composto por provas de Português, História, Geografia, Ciências e Matemática. Enfrentar esse momento crucial fazia parte da vida não só das crianças gaúchas, mas de milhões de crianças brasileiras que, por volta dos 10 anos de idade, já tinham a responsabilidade de, somente sendo aprovadas nesse exame, garantir a continuidade de seus estudos.

Essa foi a situação enfrentada pela protagonista de nossa história, que, mesmo sendo uma aluna considerada comportada e muito bem-sucedida, foi levada a frequentar aulas particulares para revisar os conteúdos matemáticos e enfrentar a maratona prevista para aquela primavera.

A prova de Matemática fora construída por uma equipe de profissionais que tinham como objetivo elaborar questões articuladas com a realidade da época. Assim, o contexto escolhido foi a de uma feira livre. Tal evento era bastante comum, naquele tempo, na vida das pessoas que moravam na cidade e nossa protagonista tinha como hábito acordar bem cedinho às terças-feiras para acompanhar sua mãe nas compras da feira que ocorria em seu bairro.

Sabendo que essa era uma prática comum vivenciada pelas crianças da época, uma das questões da prova de Matemática daquele exame de admissão, atualizada para os dias atuais em termos de valores, era a seguinte: "Quero comprar 6 laranjas e 10 maçãs. Na banca do Seu José, cada laranja custa 80 centavos e cada maçã, 70 centavos. Na banca do Seu João, a laranja está por 90 centavos e a maçã por 60 centavos. Onde vou fazer a compra?" (KNIJNIK, 1998, p. 2).

Atualmente, poderíamos problematizar essa questão afirmando que o valor atribuído às maçãs ou às laranjas refere-se ao que, cotidianamente, nomeamos por "peso" das frutas, e não a sua unidade, ou seja, dificilmente encontraremos a venda de maçãs ou laranjas relacionada a um valor unitário fixo. No entanto, lembremos que a situação aqui analisada ocorreu em uma época diferente da experienciada atualmente e, para a reflexão que propomos aqui, esse ponto adquire menor importância. De qualquer forma, o esperado pela comissão que organizara o problema era que fosse feita a comparação entre os valores obtidos nas duas expressões: $(6 \times 0,80) + (10 \times 0,70)$ e $(6 \times 0,90) + (10 \times 0,60)$.

Se o aluno efetuasse de modo correto as expressões, encontraria como resultado da primeira expressão o valor de R$ 11,80 e para a segunda o valor de R$ 11,40, o que implicaria a escolha da banca do Seu João como o local para a realização da compra.

Na saída da prova, muitos dos comentários dos alunos estavam centrados nessa questão, que havia sido considerada por eles extremamente difícil. A preocupação era legítima, pois, numa prova concorrida como a de admissão do Colégio de Aplicação, uma questão poderia ser decisiva para a aprovação ou reprovação. No entanto, surpresa com os comentários e discordando de seus colegas, nossa protagonista afirmou que não tivera dificuldade com a questão e que não fizera nenhuma conta para resolvê-la. Para ela, a solução era bastante óbvia: compraria as laranjas na banca do Seu José e as maçãs na do Seu João!

Passados alguns anos desse episódio, uma das professoras envolvidas na elaboração da prova contou o final da história. Quando a banca examinadora se deparou com a resposta que fora dada sem a realização de cálculos, houve uma grande polêmica em torno de como avaliá-la. Depois de intensas discussões, a alternativa foi considerá-la correta. E, em 1959, nossa protagonista pôde iniciar o curso ginasial no Colégio de Aplicação.

A historieta aqui relatada pode ser analisada em diferentes aspectos. Alguns são bastante óbvios e outros, talvez, nem tanto. Poderíamos refletir sobre os processos avaliativos realizados nas escolas ou sobre os exames nacionais e as implicações dessa prática na definição do que conta como válido/inválido para compor o currículo escolar. Por outro lado, poderíamos questionar, assim como muitos já o fizeram, o papel da Matemática como filtro social com seus altos índices de reprovação. Poderíamos, ainda, questionar a complexidade da atividade de comprar em uma feira livre e a simplificação efetuada na prova para transformar tal prática em uma questão escolar, pois o (pres)suposto que alicerçava a questão se "compra sempre o mais barato" nem sempre pode ser verdadeiro. Quem tem experiência em comprar laranjas e maçãs sabe que outras variáveis entram em jogo quando é necessária a tomada de decisão: por exemplo, o tamanho das frutas, seu estado de conservação, etc. Assim, o processo de simplificação tende a reduzir a complexidade das variáveis envolvidas nos problemas cotidianos para transmutá-los em problemas escolares.

Questionamentos como os feitos sobre o episódio aqui relatado têm encontrado ressonâncias no campo da Etnomatemática. No entanto, em tempos mais recentes, temos buscado adensar nosso olhar para os enunciados que circulam no espaço escolar, como a importância de trabalhar com a realidade dos alunos e a relevância do uso de materiais concretos como condição para a aprendizagem da Matemática. Enunciados como esses têm sido, em geral, pouco problematizados. São considerados, muitas vezes, inquestionáveis, imprescindíveis, tomados como "verdades" a serem seguidas para que sejamos bem-sucedidos em nossas aulas de Matemática. Porém, é o caráter de imprescindível que nos dá o que pensar. Afinal, perguntamo-nos como essas "verdades" se tornaram, para usar uma expressão de Rorty (2007, p. 47), "tema de conversa" entre os educadores e acabaram se configurando como premissas fundamentais para pensarmos nossas práticas pedagógicas.

Porém, cabe ressaltar que ao refletirmos sobre os enunciados como os acima exemplificados não temos a pretensão de questionar sua validade ou substituí-los por outros que seriam mais adequados. A única intenção é problematizá-los para evidenciar seu caráter contingente e arbitrário e, dessa forma, continuar a refletir sobre questões educacionais, em particular, aquelas mais estreitamente vinculadas à área da Matemática.

O discurso da Educação Matemática "em questão"

A seguir, como acima indicamos, vamos analisar três dos enunciados que constituem o discurso da Educação Matemática nos dias de hoje: "é importante trazer a realidade do aluno para as aulas de Matemática"; "é importante usar materiais concretos nas aulas de Matemática"; e "a Matemática está em todo lugar".

"É importante trazer a 'realidade' do aluno"

Em nossas aulas nos cursos de licenciatura em Pedagogia e Matemática, assim como nas escolas de Ensino Fundamental e Médio, observamos que uma das "verdades" recorrentes sobre o ensinar e o aprender Matemática está relacionada com a importância de trazer a realidade do aluno para as aulas de Matemática. Essa observação nos trouxe inquietações e mobilizou nosso interesse por pesquisar sobre ela de modo mais sistemático. Assim, analisamos o material disponibilizado por dois eventos importantes da área da Educação Matemática: os anais dos ENEMs – Encontros Nacionais de Educação Matemática (realizados em 2001, 2004 e 2007) e os disponibilizados pelos CBEms – Congressos Brasileiros de Etnomatemática (que ocorreram em 2000, 2004 e 2008).

A análise desses anais nos levou a constatar que a "verdade" que circula no âmbito da Educação Matemática sobre a importância de se trazer a "realidade" do aluno para as aulas de Matemática é bastante recorrente e não está restrita ao campo etnomatemático, mesmo que nele ganhe certo destaque. Tal "verdade" circula e atravessa diferentes perspectivas teóricas que têm embasado a pesquisa e a docência no âmbito da Educação Matemática.

No entanto, apesar de estar presente nos trabalhos etnomatemáticos e em outros de diferentes perspectivas teóricas, algumas rupturas foram identificadas. Nos trabalhos apresentados nos três CBEms que examinamos, ficou evidenciado – de modo hegemônico – que a ênfase na "realidade" do estudante, em sua cultura, está associada à descrição de jogos de linguagem pertencentes às diferentes formas de vida e sua possibilidade de incorporação nas aulas de Matemática. Assim, "reconhecer esse sujeito, seu espaço, suas raízes, sua cultura e, principalmente, seus conhecimentos"

(CAMARGO, 2008, p. 2), ou "ampliar o olhar para além da restrita matemática institucionalizada nos currículos" (LUCENA, 2004, p. 210) aparecem, recorrentemente, como aspectos a serem considerados nas produções etnomatemáticas. Trabalhar com a "realidade" do aluno, nessa perspectiva, abre a possibilidade de "fortalecer as raízes culturais dos indivíduos para que quando esses chegarem à escola, possam se defender e usar seus conhecimentos" (SILVA; MONTEIRO, 2008, p. 7 e 8).

Assim, os excertos analisados indicam que "legitimar as diversas formas que a matemática se apresenta na vida dos educandos" (VIANNA, 2008, p. 5), compreender "que a matemática existe dentro de uma cultura" (SANTOS, 2008, p. 14), "fortalecer as raízes culturais para que os indivíduos possam se defender e usar seus conhecimentos, evidenciando as relações de poder que instituem saberes [que são] excluídos no contexto escolar" (MONTEIRO, 2004, p. 105), são enunciações que, recorrentemente, estão presentes nos trabalhos que explicitamente se identificam com a produção etnomatemática.

Por outro lado, o exame dos anais dos ENEMs nos levou a inferir que nesse conjunto de documentos o foco central – mesmo que não o único – está posto nos jogos de linguagem da Matemática Escolar. São esses jogos que parecem interessar primordialmente aos pesquisadores e docentes que participaram das três edições do evento: trazer a "realidade" do aluno para as aulas permitiria "a assimilação dos conteúdos matemáticos que lhes são relevantes como ferramentas a serem utilizadas na sua prática social, e no atendimento de seus interesses e necessidades" (SCHEIDE; SOARES, 2004, p. 5). Tal assimilação, portanto, estaria vinculada à "aplicabilidade da Matemática" (SANTOS; SILVA; ALMEIDA, 2007, p. 3) e possibilitaria dar significado à Matemática Escolar. De forma geral, as enunciações que encontramos nos anais dos ENEMs enfatizam que a importância de trazer a "realidade" do aluno para a escola estariam vinculadas ao propósito de ensinar os jogos de linguagem pertencentes à Matemática Escolar.

Portanto, a "verdade" que diz ser importante trazer a realidade do aluno para as aulas de Matemática está inscrita no interior de duas diferentes lógicas de apropriação: a primeira refere-se à legitimação de diferentes Matemáticas; a segunda lógica vincula-se à construção de significados para a Matemática Escolar.

Em síntese, a importância de se trabalhar com a "realidade" do aluno nas aulas de Matemática é recorrente em ambos os eventos, o que reforça as palavras de Larrosa (2000, p. 161), quando afirma que "[...] a realidade funciona bastante bem e ainda goza de boa saúde". Funciona "[...] como um bom referente que, sem dúvida, ajuda e orienta quando queremos avançar" (CASTELLANO, 2004, p. 2). A saúde, a vitalidade e a energia da "realidade" parecem continuar inabaláveis: a estratégia metodológica de partir da realidade da vida cotidiana da criança não é posta em questão, pois tal estratégia "nos ajuda e orienta quando queremos avançar" (CASTELLANO, 2004, p. 2).

De objeto de desejo passa a ser objeto de primeira necessidade para as experiências educativas escolares e torna-se prescrição diária ao professor, que deve ensinar os conteúdos matemáticos relacionados harmoniosamente com "a vida real: a matemática precisa entrar em harmonia e se sintonizar com os afazeres do cotidiano dos alunos [...]" (SANTOS; SANTOS, 2007, p. 15). Assim, a vontade de "realidade", ou seja, a reivindicação pela "intensidade e o brilho do real" (LARROSA, 2008, p. 186), a busca pela harmonia e sintonia com a "realidade" é traduzida, entre outras formas, pela necessidade de estabelecer ligações entre a Matemática Escolar e a vida real. No entanto, nos perguntamos: como esse enunciado adquire força de verdade, mesmo em diferentes perspectivas teóricas da Educação Matemática?

Apoiadas nas teorizações foucaultianas, entendemos que a força de um enunciado está nos entrelaçamentos, nas conexões que mantém com outros enunciados do campo educacional. É por meio desses entrelaçamentos que o enunciado vai ganhando terreno, construindo rotas que acabam por posicioná-lo como algo "naturalizado" e inquestionável no discurso da Matemática Escolar. Dessa forma, rearranjos são configurados e novas combinações surgem, garantindo-lhe a recorrência.

Exemplo disso encontramos na análise dos anais dos ENEMs e CBEMs. Essa análise nos levou a concluir que o enunciado que diz da importância de trazer a "realidade" do aluno para as aulas de Matemática se entrelaça com dois outros que circulam no campo educacional mais amplo: 1. A educação deve contribuir para transformar socialmente o mundo; e 2. É preciso dar significado aos conteúdos matemáticos para suscitar o interesse dos alunos por aprender. Assim, são produzidos dois entrelaçamentos: o primeiro diz que trazer a realidade do aluno para as aulas de Matemática é importante para transformar socialmente o mundo; o segundo afirma que trazer a realidade dos alunos para as aulas de Matemática é importante para dar significado aos conteúdos, suscitando o interesse dos alunos por aprender. A seguir, fazemos uma breve discussão sobre cada um desses entrelaçamentos.

"Trazer a 'realidade' do aluno para as aulas de Matemática é importante para transformar socialmente o mundo"

De acordo com a pesquisa que realizamos, é possível inferir que, para muitos educadores matemáticos, é importante "captar a realidade enquanto um processo, conhecer suas leis internas para poder captar as possibilidades de transformação do real" (SCHEIDE; SOARES, 2004, p. 8). Tal concepção proporcionaria ao aluno, a "ajuda necessária para que sua situação de oprimido possa ser transformada, abrindo daí novos horizontes para poder assimilar melhor os conteúdos de Matemática e projetar-se no caminho da aprendizagem" (CAMARGO, 2008, p. 5).

Essas enunciações nos remetem a ideias vinculadas ao paradigma educacional crítico, como concebido por autores como Veiga-Neto (1996b) e Silva (1999). Atualmente, podemos identificar um conjunto bastante amplo e diversificado de perspectivas teóricas associadas, em maior ou menor grau, a tal paradigma. No entanto, para a discussão que aqui realizamos nos interessa considerar o que centralmente perpassa a todas essas perspectivas teóricas. Segundo esses autores, em tal paradigma, a escola passou a ser entendida como um lócus privilegiado não só para a imposição das ideologias dominantes, mas, principalmente, como um espaço onde seria possível a construção de focos de resistência. Poderíamos pensar, portanto, que, no limite, tratar-se-ia de um paradigma que colocaria no "banco dos réus" as mazelas e as injustiças que tornariam a sociedade excludente, tendo como advogados de acusação exatamente aqueles professores que assumiam uma posição de críticos das condições sociais. Assim, a apreensão da "realidade" pelo aluno e seu empoderamento matemático, associado a uma consciência crítica, criariam as condições para que ele pudesse "sair de sua condição de oprimido".

De forma geral, os autores acima mencionados argumentam que tal paradigma, opondo-se às teorizações tecnicistas que circularam (e, em certa medida, ainda circulam) no âmbito da Educação, dando primazia a questões de cunho metodológico,

> [...] faz do processo de ensinar e aprender uma questão fundamentalmente política e, portanto, uma questão que extravasa a escola. Nesse paradigma, o professor e a professora saem obrigatória e constantemente da sala de aula para buscar compreender o que é a escola, quais as relações entre essa instituição e o mundo social, econômico, político, cultura em que ela se situa (VEIGA-NETO, 1996b, p. 166).

E para que esse "sair da sala de aula" possibilitasse efetivamente a compreensão do mundo social, "o caminho para isso [seria] a reflexão e a discussão" (VEIGA-NETO, 1996b, p. 167), uma reflexão e uma discussão cujo objetivo não se limitaria a uma mera descrição "do que aí está", mas, ao contrário, tivesse como foco "empoderar" o sujeito escolar, tornando-o autônomo e crítico, de modo a ser um agente da necessária transformação dessa "realidade". Nessa linha argumentativa, encontra-se o estudo realizado por Garcia (2001), ao mostrar como "a via do esclarecimento pela educação crítica e progressista, promete a emancipação da razão, o progresso moral e social e a libertação da humanidade das cadeias da ignorância e da opressão de classe" (VEIGA-NETO, 1996b, p. 41). E, ao prometer tudo isso, há a promessa da "produção da humanidade que há potencialmente em cada um de nós" (VEIGA-NETO, 1996b, p. 41). Este pode ser considerado o projeto mais radical da escola moderna, pois esta acaba sendo posicionada como a instituição "[...] capaz de arrancar cada um de nós – e, assim, arrancar a sociedade de que fazemos parte – da menoridade e nos lançar num estágio de vida mais evoluído [...]" (VEIGA-NETO, 2003, p. 104 e 105).

Quais dispositivos do saber a escola poria a funcionar para "arrancar cada um de nós – e, assim, arrancar a sociedade da qual fazemos parte – da menoridade e nos lançar num estágio de vida mais evoluído"? Para as teorizações críticas, "o esclarecimento das consciências [se tornará viável] com [o acesso] [à]s verdades propiciadas pela ciência e pela (auto)reflexão" (GARCIA, 2001, p. 41). Assim, caberia à escola enculturar as crianças e os jovens no discurso científico, ensinando-lhes os enunciados que o conformam e os métodos pelos quais se comprovariam as "verdades" que o instituem.

É aqui que se pode vislumbrar, de modo mais explícito, a articulação entre o enunciado que diz da importância de se trazer a "realidade" do aluno para as aulas de Matemática com as enunciações do campo educacional mais amplo, advindas do paradigma educacional crítico: entre todas as ciências, não seria precisamente a Matemática (Acadêmica), por sua assumida universalidade, aquela que teria tal primazia? Não estaríamos novamente diante do "Sonho da Razão" ao qual se refere Brian Rotman (citado por WALKERDINE, 1995, p. 226): à escola caberia, portanto, trazer a "realidade" do aluno, para, através do conhecimento matemático (acadêmico), examiná-la, tornando-nos, assim, mediante a crítica, capazes de transformá-la. Além desse entrelaçamento, a análise dos anais fez emergir um segundo entrelaçamento, que foi bastante recorrente.

"Trazer a 'realidade' do aluno possibilita dar significado aos conteúdos matemáticos, suscitando o interesse pela aprendizagem"

Esse segundo entrelaçamento está alicerçado na ideia de que "[...] Os alunos estarão mais interessados em matemática se puderem ver como esta é usada na vida diária" (VIANA, 2007, p. 14). Assim, mostrar a aplicabilidade dos conceitos matemáticos, vinculando-os à vida diária, estaria atrelado ao "maior desafio que é conquistar o aluno, em particular no componente curricular matemático" (SILVA, 2008, p. 3). Desse modo, "por meio de situações reais o seu interesse [do aluno] pode ser ampliado e assim se sentir motivado a buscar a solução do problema" (Santos; Silva; Almeida, 2007, p. 5 e 6).

Ao examinar os anais, constatamos que, recorrentemente, havia enunciações que se referiam à "falta de significado" dos conteúdos matemáticos trabalhados em sala de aula, em que "conceitos são trabalhados de forma mecânica e sem significado, sobrando, então, o vazio" (Vialli; Silva, 2007, p. 14). Isso estaria relacionado, por sua vez, à falta de interesse do aluno para a aprendizagem. A falta de significado do que é ensinado em sala de aula, a desvinculação entre a realidade do aluno e o que é ensinado nas aulas de Matemática estaria levando/induzindo o aluno ao erro/fracasso e a seu desinteresse. Em direção oposta, a vinculação entre a Matemática Escolar e o mundo social mais amplo propiciaria ao aluno um maior interesse pelos conteúdos escolares, visto que "por meio de situações reais o seu interesse pode ser ampliado" (Santos; Silva; Almeida; 2007, p. 5 e 6) ou porque "os alunos estarão mais interessados em matemática se puderem ver como é usada na vida diária" (Viana, 2007, p. 14).

Em síntese, fomos levadas a pensar que é recorrente a ideia de que trazer a "realidade" do aluno seria um meio de dar significado aos conteúdos desenvolvidos no currículo escolar, o que suscitaria seu interesse por aprender Matemática. Mas fiquemos, por agora, com a primeira parte dessa afirmação. O que nela está implicado, do ponto de vista teórico? Que posições teóricas subsidiariam a afirmação de que trazer a "realidade" do estudante para as aulas de Matemática daria significado à Matemática Escolar?

Primeiro, é preciso atentar que tal afirmação poderia nos levar a pensar que os jogos que conformam a Matemática Escolar seriam vazios de significado. Mas, como isso poderia ocorrer? Como práticas sociais poderiam estar de tal modo esvaziadas? Em contrapartida, as Matemáticas não escolares, essas sim, estariam encharcadas e saturadas de significados, aguardando, "lá fora", para serem transferidos para a forma de vida escolar. Entraria em cena, portanto, uma "natural" operação de transferência: os significados presentes nas Matemáticas não escolares seriam remetidos para a

Matemática Escolar. Utilizando uma linguagem wittgensteiniana, entendemos que essa transferência estaria alicerçada na ideia de que os jogos de linguagem que instituem as matemáticas não escolares seriam os mesmos (ou, pelo menos, "quase" os mesmos, isto é, guardariam "forte semelhança de família" com os) que instituem a Matemática Escolar. Os jogos da Matemática Escolar, por sua vez, guardam com os jogos de linguagem da Matemática Acadêmica um alto grau de "semelhança de família" (como bem indica o formalismo que marca ambos os conjuntos de jogos). No entanto, com base nos ensinamentos de Wittgenstein, entendemos que não há esvaziamento/saturação de significados: tratar-se-ia de diferentes jogos de linguagem, pertencentes a formas de vida específicas, que guardariam entre si somente "semelhanças de família". Assim, uma vez que, como nos ensinou Wittgenstein, todos os jogos de linguagem possuem significado dentro da forma de vida que os abriga, podemos concluir que fica inviabilizada a ideia da inexistência de significados nos jogos de linguagem que conformam a Matemática Escolar.

Mas, mesmo assim, poderíamos nos perguntar sobre a possibilidade de que os significados daqueles jogos praticados nas formas de vida não escolares poderiam ser transferidos para os jogos de linguagem da Matemática Escolar. A resposta a essa indagação é negativa: a "passagem" de uma forma de vida à outra não garante a permanência do significado, mas sugere sua transformação porque "do outro lado" quem "o recebe" é outra forma de vida.

Contribui para essa discussão as pesquisas de Lave (1996), como as que envolveram atividades de compra e venda em supermercados ou o preparo de alimentos, especificamente no que se refere aos modos de lidar quantitativamente com tais situações. Segundo Lave (1996), não há como propor uma transferência entre tais práticas e aquelas desenvolvidas na escola, ou seja, as atividades investigadas pela pesquisadora não serviriam "para formar um currículo para aprender Matemática na escola" (Lave, 1996, p. 12), porque "[...] a prática matemática do quotidiano envolve relações quantitativas que são parte inseparável do seu desenrolar situado" (Lave, 1996, p. 20) e este difere do espaço escolar.

Autoras como Tomaz (2007) têm discutido as ideias de Lave sobre práticas matemáticas escolares. Um dos argumentos de Lave examinados por Tomaz refere-se ao questionamento de algumas concepções cognitivistas que consideram os conhecimentos matemáticos aprendidos na escola como conceitos gerais e descontextualizados que poderiam ser transferidos para diferentes situações (escolares ou não). Outra reflexão realizada por Tomaz sobre os estudos da pesquisadora estadunidense vincula-se à mudança de foco nas discussões sobre aprendizagem, que se desloca do indivíduo para as comunidades de prática. Assim, em seus estudos sobre atividades de compra e venda em supermercado, acima mencionados, "a Matemática aparece com objetivos, papéis, funções e práticas diferentes daqueles que assume na prática escolar, podendo não haver transferência de aprendizagem da situação escolar para a situação de compra em supermercado, ou vice-versa" (TOMAZ, 2007, p. 181).

A noção de aprendizagem situada, como concebida por Lave (1996), pode ser pensada como uma resposta às simplificações que, muitas vezes, têm sido feitas quanto à transferência de conhecimentos de uma prática à outra. Mesmo levando em conta que Lave e Wittgenstein têm perspectivas teóricas distintas, podemos considerar suas posições convergentes: para ambos, a operação de transferência de significados torna-se algo bem mais complexo, pois

> [...] ao cruzar a ponte, os significados chegam ao outro lado transformados; não porque eles tenham se transformado em si mesmo – seja lá o que isso possa significar [...] – mas porque do outro lado as formas de vida e os correlatos jogos de linguagem já são outros. (VEIGA-NETO, 2004, p. 144).

Apontar para a complexidade da operação de transferência de significados implicada no enunciado que diz ser importante trazer a "realidade" para o espaço escolar para possibilitar que os conteúdos matemáticos ganhem significado permite-nos problematizar a vontade de "realidade" que habita cada um de nós, ou seja, a busca pela harmonia e pela sintonia com a "realidade" traduzida pela necessidade de estabelecer ligações entre a Matemática Escolar e a "vida real".

Em síntese, entendemos que é por meio de seus entrelaçamentos que o enunciado que diz da importância de se trazer a "realidade" do aluno para as aulas de Matemática adquire força e passa a ser considerado algo "natural" e inquestionável na área da Educação Matemática. Ao adquirir força, ele acaba por funcionar de modo prescritivo sobre como devem ser as práticas pedagógicas associadas ao ensinar e ao aprender Matemática na escola.

Neste capítulo, como mencionamos antes, além do enunciado até aqui discutido, outros dois são analisados. O primeiro deles afirma que é necessário o uso de materiais concretos nas aulas de Matemática e o outro está relacionado à ideia de que a Matemática está em todo lugar.

O material de pesquisa que nos permitiu analisar esses dois outros enunciados foi construído com base em entrevistas realizadas com educadores do campo do Sul do país. Esses educadores foram entrevistados por estudantes que frequentavam o curso de Pedagogia: anos iniciais do ensino fundamental: crianças, jovens e adultos, promovido pela Universidade Estadual do Rio Grande do Sul (UERGS) em parceria com o Instituto Técnico de Capacitação e Pesquisa da Reforma Agrária (ITERRA). Após a realização das entrevistas, os estudantes redigiram um relatório, que incluiu transcrições do que foi expresso pelos entrevistados. O conjunto desses relatórios é o material de pesquisa que aqui analisamos.

"É importante usar materiais concretos"

Um segundo enunciado está presente no discurso da Educação Matemática, sendo considerado uma das condições quase que imprescindíveis para a aprendizagem da Matemática Escolar: o uso de materiais concretos em sala de aula. As entrevistas realizadas com educadores do campo mostraram como esse enunciado está naturalizado no âmbito das discussões pedagógicas e está isento de contestações. Ele é tomado como uma "verdade" sobre a "didática de matemática [que] sempre se propôs a uma coisa nova, trabalhar o concreto" (KNIJNIK; WANDERER; DUARTE, 2010, p. 90), uma "verdade" que, de tão repetida, ao fim acaba "virando um chavão" (KNIJNIK;

WANDERER; DUARTE, 2010, p. 90), como expressaram os camponeses entrevistados.

Esses educadores, de forma recorrente, apontaram para a centralidade que deve ser dada aos materiais concretos, afirmando que seu uso em sala de aula "facilita a aprendizagem, dá mais resultado" com as crianças (KNIJNIK; WANDERER; DUARTE, 2010, p. 85). Mas não só para as crianças os materiais concretos poderiam solucionar as dificuldades de aprendizagem. Também para os adultos seu uso seria importante. Como disse uma das entrevistadas que trabalhava na Educação de Jovens e Adultos: "tinha umas 15 pessoas [jovens e adultos] que não sabiam dividir, multiplicar, a tabuada, [...] tive que partir para o material concreto" (KNIJNIK; WANDERER; DUARTE, 2010, p. 85).

Examinar os depoimentos desses educadores com as lentes teóricas que estamos utilizando nos leva a questionar como foi inventada a ideia de que o uso de materiais concretos é central para que a aprendizagem da Matemática se efetive, de modo a ser "impressionante o resultado com as crianças" (KNIJNIK; WANDERER, 2007, p. 9), como afirmou uma das entrevistadas. Mas não só com elas, pois também os educadores que trabalham com adultos "t[êm] que partir pro material concreto" (KNIJNIK; WANDERER; DUARTE, 2010, p. 85).

Em um registro wittgensteiniano, poderíamos dizer que usar materiais concretos nas aulas de Matemática é parte da gramática que conforma os jogos de linguagem da educação Matemática Escolar. Mais ainda, servindo-nos das ideias do filósofo, podemos considerar que existiria a Educação Matemática dos anos iniciais de escolarização – com seus jogos de linguagem, que, com regras específicas, conformam sua gramática – e, de modo análogo, a Educação Matemática da educação de jovens e adultos – com seus jogos de linguagem, com suas regras também específicas, conformando sua gramática. Haveria, no entanto, pelo menos uma regra comum a ambas as gramáticas: a relevância do uso de materiais concretos nas aulas de Matemática.

Essa "verdade" sobre o ensinar e o aprender Matemática circula no pensamento educacional brasileiro contemporâneo, na ordem do discurso da Educação Matemática. Tal "verdade" sustenta-se no construtivismo pedagógico – uma recontextualização, no espaço-tempo escolar, sob diferentes formas e com múltiplas interfaces, das teorizações desenvolvidas pelo epistemólogo Jean Piaget.

Ao observar a repercussão do construtivismo pedagógico na educação brasileira, Tomaz Tadeu da Silva, no início da década de 1990, caracterizou-o como "uma nova onda pedagógica" no país, que estaria na eminência de tornar-se "a nova ortodoxia em questões educacionais" (SILVA, 1999, p. 3). O autor, em sua análise, mostrou que a supremacia do construtivismo na educação sustentava-se em duas premissas: por um lado, seria um campo que, naquela época, aparecia como progressista, democrático e crítico, "satisfazendo, portanto, aqueles critérios políticos exigidos por pessoas que, em geral, se classifica[va]m como de 'esquerda'" (SILVA, 1999, p. 4). Por outro lado, o construtivismo configurava-se como uma teorização que apresentava encaminhamentos e direções específicas para as atividades pedagógicas, o que favorecia sua aceitação por professores sequiosos de indicações para suas práticas de sala de aula.

Na construção de seu argumento, Silva (1999) destaca que a predominância do construtivismo implicou o retorno do domínio da área da Psicologia na Educação e na Pedagogia, que, segundo Jorge Tarcísio da Rocha Falcão (2003),[3] data do século XIX, com as discussões iniciadas por E. Thorndike no que se refere ao estudo dos princípios gerais de aprendizagem. No entanto, para Silva (1999), essa retomada da visão psicológica da educação nos levaria a compreender o conhecimento como um processo biológico e natural, desconsiderando as relações de poder e os mecanismos de disciplinamento e regulação presentes no currículo escolar.

Especialmente nas práticas escolares da Educação Matemática, outro elemento também produziu efeitos diretos e específicos: a relação de isomorfismo, dada por Piaget, entre o desenvolvimento do pensamento, das estruturas cognitivas, e as estruturas lógico-matemáticas. Isso porque era possível "enxergar no

---

[3] Cabe ressaltar a discussão proposta por Falcão (2003, p.15 e 16) no que se refere às contribuições da Psicologia para nossa área de atuação, visto que a especificidade dos estudos e proposições incide sobre a "agenda de problemas da comunidade de educação matemática".

pensamento um 'espelho da lógica'" (PIAGET; INHELDER, 1968, p. 9). O discurso da "psicologia genética não nos ensina, apenas, aquilo em que a criança difere do adulto, mas, igualmente, como se constroem certas estruturas lógico-matemáticas, que fazem parte de todas as formas evoluídas do pensamento adulto" (PIAGET, 1971, p. 79).

O discurso piagetiano confere ao raciocínio abstrato o *status* de único e universal, posicionando-o como o ápice a ser atingido pelos indivíduos. Considera que a construção do conhecimento se dá mediante um processo de abstração reflexionante (BECKER, 1993, p. 43), de forma sequencial e linear, mensurada por experimentos que identificam o estágio de desenvolvimento mental em que se encontra o indivíduo. Essas posições piagetianas sustentam a relevância do uso de materiais concretos nas aulas de Matemática. Tal uso ajudaria o indivíduo a atingir o estágio superior da vida mental: o raciocínio abstrato, característico, segundo Piaget, do "espírito adulto" (PIAGET, 1971, p. 11).

Podemos nos perguntar, portanto, quais são os atributos que Piaget concede a tal "espírito adulto", marcado pelo "equilíbrio final" de um processo evolutivo do pensamento? O epistemólogo dirá que, nessa fase da vida, "as operações formais fornecem ao pensamento um novo poder, que consiste em destacá-lo e libertá-lo do real, permitindo-lhe, assim, construir a seu modo as reflexões e teorias" (PIAGET, 1971, p. 64). A inteligência formal marcaria, assim, a libertação do pensamento. Essa inteligência formal, associada a um pensamento abstrato, é incorporada no discurso pedagógico, sendo colocada como meta a ser alcançada no processo de escolarização. À Educação Matemática caberia, em especial, ser o instrumento para que tal meta seja atingida, por meio do desenvolvimento do "raciocínio lógico". Walkerdine (1995) é enfática sobre essa questão. Para a autora, o discurso sobre o raciocínio das crianças – que evoluiria de forma sequencial, linear, conduzindo-as ao "pensamento abstrato", o suposto "pináculo do ser civilizado" – institui verdades sobre o pensamento infantil, relacionadas a crianças de qualquer tempo e espaço (WALKERDINE, 1995, p. 209).

Inúmeros são os estudiosos do pensamento piagetiano que apontam para a relevância dada ao concreto na construção da estrutura lógico-formal que caracteriza a Matemática abstrata. Becker (1993) afirma que seria insensato supor que um aluno construa abstrações matemáticas sem que essa seja alicerçada em uma "estrutura construída a partir do concreto" (BECKER, 1993, p. 43). Lovell (1962, p. 24), na esteira dessas argumentações, afirma que "[...] Piaget sustém que todo pensamento se apoia em uma ação e os conceitos matemáticos têm sua origem nos atos que a criança leva a cabo com os objetos, e não nos objetos mesmos". Seria na interação, nas ações e nas relações estabelecidas a partir do uso de materiais concretos que as crianças realizariam as mais elementares operações lógico-matemáticas, com base nas quais poderia trilhar o caminho rumo à abstração.

É interessante observar a convergência entre as posições de Piaget e aquelas expressas pelos camponeses entrevistados. Apesar de terem sido produzidas em espaço-tempos tão diversos, é possível identificar a centralidade atribuída ao uso do material concreto pelos educadores do campo e por Piaget e seus intérpretes. Uma das educadoras entrevistadas usou a metáfora da construção de uma casa para expressar a relevância do uso de materiais concretos: "É a história do alicerce da casa, se tu queres que a parede fique perfeita tu tens que fazer o alicerce bom na casa" (KNIJNIK; WANDERER, 2007, p. 8). A sólida construção do alicerce, que o tornará sólido, possibilitando a parede perfeita, estaria sendo viabilizada por meio do uso de materiais concretos, de modo que as crianças possam percorrer os diferentes estágios do desenvolvimento do raciocínio. Piaget, em outro registro, também se utilizou da metáfora da edificação. Segundo ele, "O desenvolvimento mental é uma construção contínua, comparável à edificação de um grande prédio que, à medida que se acrescenta algo, ficará mais sólido [...]" (PIAGET, 1971, p. 12).

Os educadores do campo não só valorizavam o uso de materiais concretos em suas práticas pedagógicas, como consideravam que deveriam ser bastante diversificados: "vai desde sementes, britas, tampinhas e outros. [...] Material Dourado é usado mais direto em sala de aula. [...] O quadro valor-lugar é outro material que auxilia na aprendizagem. [...] tampinhas, pedrinhas, sementes, pauzinhos. [...] ábacos [...] palitinhos, pauzinhos [...]" (KNIJNIK; WANDERER, 2007, p. 9).

O uso de tais materiais não ficaria restrito à educação infantil ou a dos anos iniciais de escolarização. Seu uso se justificaria também na educação de jovens e adultos, para suprir as dificuldades de aprendizagem daqueles que são posicionados na instituição escolar como não aprendentes, "atrasados" no desenvolvimento do raciocínio lógico, na aprendizagem dos conceitos. São suas dificuldades que fariam com que a professora "t[enha] que partir pro material concreto" (KNIJNIK; WANDERER; DUARTE, 2010, p. 85).

O construtivismo pedagógico ainda hoje tem produzido efeitos de verdade no currículo dos cursos de Pedagogia e Licenciatura de Matemática. Como em anos anteriores já argumentava Silva (1999), em tais cursos, as chamadas "pedagogias psi" têm tido um papel central, até mesmo dominante, no entendimento da relação teoria/prática educacional.

"A Matemática está em todo lugar!"

Nesta seção fazemos uma reflexão sobre o terceiro enunciado que identificamos como fazendo parte do discurso da Educação Matemática. Ele se refere à afirmação de que a Matemática está em todo lugar. Reunimos, aqui, excertos nos quais educadores entrevistados expressaram a ideia de que a Matemática era onipresente em suas vidas, estava em todo lugar, em toda parte, fazendo com que, no limite, suas próprias vidas fossem "uma matemática". Os relatórios das entrevistas mostraram que a maioria dos educadores afirmava, de diferentes modos, que a matemática sempre está envolvida com as demais disciplinas, pois se vamos ver tudo é matemática, a encontramos em vários lugares.

Uma leitura possível dessas enunciações indica que os educadores identificam que práticas de medir, contar, localizar, etc. são parte das formas de vida camponesa do sul do país. A afirmação de que em toda ação praticada, em todos os momentos da vida, está presente a Matemática nos remete, mesmo que em uma perspectiva teórica diferente da que estamos assumindo, ao que Bishop (1988) denominou de fenômeno pancultural. O autor, apoiado em um extenso trabalho de campo, analisou seis atividades matemáticas presentes em diferentes contextos culturais, buscando demonstrar que "a matemática existe em todas as culturas", sendo a Matemática (indicada com maiúscula) uma "particular variante da matemática desenvolvida ao longo do tempo por diferentes sociedades" (BISHOP, 1988, p. 19). O entendimento de que a Matemática está em vários lugares, em particular, nas formas de vida camponesa do Sul do país, fica evidenciado nas palavras de um dos entrevistados: "Encontramos ela [a matemática] em vários lugares" (KNIJNIK; WANDERER, 2006a, p. 59).

Poderíamos indagar, portanto, sobre a possibilidade de examinar essa questão a partir dos entendimentos que temos dado à nossa perspectiva etnomatemática. A quais jogos de linguagem matemáticos estariam se referindo os camponeses? Estaríamos aqui diante de etnomatemáticas camponesas (KNIJNIK; WANDERER, 2006c)?

Percebemos que o que foi dito pelos entrevistados aponta em uma direção oposta. Sugere que, diferentemente do sentido que temos dado a tais etnomatemáticas – fortemente enredadas nas formas de vida dos camponeses, expressando-se por meio de uma gramática própria, uma linguagem específica –, essas enunciações remetem à racionalidade, à gramática e à linguagem da Matemática Escolar na qual eles, assim como nós, foram socializados. Haveria como que um apagamento das marcas que instituem as etnomatemáticas camponesas, de modo que tudo ficasse em uma mesma classe de equivalência, aquela na qual reina, soberana, a Matemática produzida pelos matemáticos, cuja linguagem tem sido apontada como uma das metanarrativas da Modernidade.

Situação semelhante foi evidenciada por Duarte (2003) ao entrevistar pedreiros e serventes que trabalhavam em canteiros de obras no Estado do Rio Grande do Sul. De acordo com a autora, seus entrevistados afirmavam de forma bastante recorrente que a Matemática que "valia" era aquela desenvolvida na escola. Havia uma nítida demarcação de fronteiras entre os saberes dos pedreiros e aqueles de domínio dos engenheiros. Mesmo nas conversas informais com os trabalhadores, percebeu-se que havia o privilégio dos conhecimentos adquiridos pelos engenheiros no curso superior em relação àqueles que, somente sendo fruto dos longos anos dedicados à atividade nos canteiros de obras, pertenciam aos pedreiros e serventes. Para eles, a matemática praticada nas atividades laborais que não seguiam as regras e procedimentos aprendidos em cursos superiores não era considerada uma "verdadeira" Matemática.

Podemos vincular o que foi dito pelos trabalhadores com aquilo que Paul Dowling (1998) nomeou por "mito da participação". Para o autor, ao reconhecer que operações matemáticas estão presentes em todo lugar, esse mito marca o conhecimento matemático como algo necessário para a execução e o desenvolvimento das práticas sociais, que se tornariam incompletas sem o saber matemático. Além disso, o mito de participação poderia nos levar a conceber as práticas culturais como um espaço unificado, fixo e dependente apenas da racionalidade da Matemática Escolar para sua organização.

De forma geral, poderíamos pensar que tanto os educadores do Sul do país assim como os pedreiros e serventes entrevistados por Duarte (2003) foram capturados pelo "poder da racionalidade ocidental" (WALKERDINE, 1995). Os estudos que temos realizado têm buscado identificar como as relações de poder operam e de que forma vão construindo os processos de naturalização e de inevitabilidade de certas formas de contar, inferir, calcular, medir, enfim, de explicar matematicamente o mundo.

Concordando com Walkerdine (1990, p. 5), pensamos que a Matemática tem ocupado uma "posição de rainha das ciências, quando a natureza tornou-se o livro escrito na linguagem da matemática e quando a matemática assegurava o sonho da possibilidade de perfeito controle em um universo perfeitamente racional e ordenado". Perfeitamente racional e ordenado, em consonância com a gramática da Matemática Acadêmica, que também opera quando de sua recontextualização no espaço escolar. Como destacado pela autora (1990), isso implica a supressão produzida pelo discurso da Matemática Escolar a toda referência externa, fazendo com que se refira a qualquer coisa, a "todos os temas estudados em sala de aula ou todos os momentos da vida", como expressaram os educadores. Acompanhando Walkerdine, poderíamos dizer que, desse modo, o discurso da Matemática Escolar acaba tornando-se objeto de uma fantasia, "do Sonho da Razão" mencionado pelo matemático Brian Rotman,

> [...] o sonho de um universo ordenado, onde as coisas, uma vez provadas, permanecessem provadas para sempre, a ideia de que a prova matemática, com todos os seus critérios de elegância, realmente nos fornece uma forma de aparentemente dominar e controlar a própria vida (WALKERDINE, 1995, p. 226).

Seguindo as posições da autora, podemos dizer que os educadores entrevistados, de certo modo, foram sendo capturados pelo "poder da racionalidade ocidental", um poder "que tem concebido a natureza como algo a ser controlado, conhecido, dominado" (WALKERDINE, 1995, p. 225), fazendo-os dizer que, assim como para si mesmos, também para seus alunos, a vida deles é uma matemática.

Em síntese, neste capítulo nos dedicamos a pôr "em questão" três dos enunciados que identificamos como conformando o discurso da Educação Matemática, que parecem estar naturalizados no campo pedagógico e, portanto, posicionados ali como inquestionáveis. Isso nos permite experimentar a potencialidade de se "pensar diferentemente do que se pensa" "verdades" que acabam nos constituindo como professores e professoras de Matemática. De maneira mais radical, a análise que propusemos para problematizar algumas das "verdades", que atravessam o campo da Educação Matemática, está alicerçada no entendimento da linguagem como uma "estratégia de guerra" que faz emergir, em um campo de forças, verdades que, entre outras coisas, acabam por legitimar certas práticas – e não outras – tanto no âmbito escolar quanto fora dele.

Palavras finais

Ao iniciarmos a escrita destas palavras finais, ecoaram em nós imagens dos sangrentos conflitos que assolam os mais diferentes espaços do planeta e que, cotidianamente, se apresentam frente aos olhos do mundo. Não por acaso, tais imagens e sons agora se reapresentam. Há controvérsias sobre o quanto, depois destes conflitados tempos, seremos ainda os mesmos... Mas, parece, estamos todos de acordo que estes são momentos da história que nos impõem profundas reflexões sobre os destinos que nós mesmos estamos dando ao mundo em que vivemos. Reflexões marcadas pelas dimensões éticas, sociais e políticas de nossas vidas. Reflexões que incluem um repensar sobre o papel da ciência e da tecnologia nestes tempos de tão rápidas e profundas mudanças. No que diz respeito a nós, professores e pesquisadores que atuamos no campo da Educação Matemática, também estamos nos perguntando sobre nossa responsabilidade na construção de um mundo no qual não haja lugar para terrorismos de Estado e de grupos fundamentalistas, para a intolerância, para a discriminação e repúdio ao "diferente", para a insidiosa opressão econômica de alguns sobre muitos.

São muitas as perguntas que nos fazemos nestes tempos difíceis em que vivemos. E poucas as respostas que temos, frente a tantas incertezas, a tantas injustiças, a tanta barbárie, nós que nos consideramos "civilizados".

Há, no entanto, que entrar na sala de aula na segunda-feira pela manhã, para usar uma metáfora de Paul Willis (1991). Há que dar, sempre provisoriamente, algumas respostas, mesmo que elas sejam marcadas por nossas incertezas e saibamos que são sempre provisórias. Este livro é um fruto híbrido dessa "convocação" para refletir sobre o pensamento etnomatemático que temos construído e os movimentos que até aqui produzimos.

Como buscamos mostrar nos capítulos desta obra, compreender os processos envolvidos nas práticas da Educação Matemática desde uma perspectiva etnomatemática implica, necessariamente, entendê-los como atravessados por relações de poder, como constituindo um terreno instável, marcado pela disputa (sem fim) por imposição de significados. Portanto, se os significados não estão fixos de uma vez por todas, o jogo jamais estará definitivamente ganho ou perdido. E é exatamente isto que nos instigou a escrever este texto. Sentimo-nos convocadas a entrar no jogo para disputar o sentido que vamos dar à Matemática Escolar, para problematizar o que tem sido chamado de Matemática. O jogo também consiste em "virar ao avesso" o que fazemos, pôr em questão as verdades que fazem de nós o que somos, para lembrar Foucault, examinar nossas práticas escolares, nossas pesquisas, para abrir possibilidades de "pensar o impensável" e, com isto, abrir possibilidades para outros modos de significar nossas vidas e a sociedade na qual vivemos.

Estamos cientes da necessidade de democratizar o acesso ao conjunto de jogos de linguagem que tem sido nomeado por Matemática. São esses jogos legitimados socialmente como conhecimentos científicos que têm dado suporte e por sua vez têm sido alimentados pelas novas tecnologias que marcam nosso tempo. Tais tecnologias têm contribuído para uma potencial melhora na qualidade de vida das pessoas, propiciando, por exemplo, o aumento da expectativa de vida, o diagnóstico precoce de doenças, a descoberta de medicamentos mais eficientes que possam minorar o sofrimento humano. Mas são essas mesmas tecnologias que também têm intensificado a distância entre os que têm acesso a esses progressos científicos e os que deles estão cada vez mais afastados.

É nesse sentido que consideramos a importância de que as novas gerações tenham possibilidades de dominar, na sua complexidade e abrangência, a gramática que institui o saber matemático acadêmico.

Que também tenham "acesso à informática, [que deve] ser vista como um direito e, portanto, nas escolas públicas e particulares, o estudante deve poder usufruir de uma educação que no momento atual inclua, no mínimo, uma "alfabetização tecnológica" (BORBA; PENTEADO, 2010, p. 17). Essas são tarefas com as quais nós, em nossas atividades de docência e pesquisa, estamos diretamente implicados.

Não se trata, aqui, de somente – e isto já não é pouco – propiciar a apropriação dos jogos de linguagem que conformam a Matemática transmitida pela escola. Essas aprendizagens são parte fundamental do processo de democratização da educação, em particular, da Educação Matemática, mas ela necessariamente precisa estar conectada a dois processos que, tendo particularidades, estão articulados.

O primeiro refere-se à problematização e ao exame crítico do papel que a ciência e as novas tecnologias têm desempenhado ao longo da história da humanidade, em especial, desde a Modernidade. Cumpre que nos perguntemos sobre como a produção científica e as "novas" tecnologias estão sendo utilizadas, que interesses têm orientado as pesquisas que lhe dão suporte, que parcelas da população têm se beneficiado, em termos de qualidade de vida. Argumentamos sobre a importância de que em nossos cotidianos de profissionais da educação coloquemos olhares críticos sobre o que tem sido nomeado por "avanços científicos e tecnológicos". Não em uma posição saudosista, retrógrada, de retorno a um passado marcado pelo trabalho manual, mas que evitemos a glorificação de tais avanços, não assumindo uma posição ingênua sobre a vasta trama de interesses que orientam a produção e a disseminação da ciência e das tecnologias na contemporaneidade.

O segundo processo articulado ao acima referido diz respeito à política do conhecimento, uma política que desde as páginas iniciais do livro temos enfocado. Se, por um lado, estamos cientes da relevância de que as novas gerações tenham acesso aos jogos de linguagem matemáticos e tecnológicos que hoje são socialmente legitimados, também estamos cientes de que o "preço a ser pago" a esse acesso não pode ser o do silenciamento, no currículo escolar, de outros jogos de linguagem matemáticos, como os discutidos no capítulo 2.

Seria um preço "demasiadamente alto" ignorar os jogos de linguagem matemáticos que, por não serem marcados pelo formalismo, pela neutralidade, pela "pureza", pela pretensão de universalidade – como os que conformam a Matemática Escolar – acabam por ser pensados como de "menos" valor, como contaminados pela "sujeira" das formas de vida mundanas. Mas é preciso que se diga: nós todos também circulamos por tais formas de vida e, portanto, aprender como ali se pratica os jogos de linguagem matemáticos deve ser, necessariamente, parte dos processos educativos das novas gerações.

Ademais, ao ampliar o repertório dos jogos de linguagem matemáticos ensinados na escola, estamos possibilitando que nossos alunos aprendam outros modos de pensar matematicamente, a outras racionalidades. Isso é importante não só do ponto de vista do acesso a um conjunto mais amplo de conteúdos. A Matemática que ensinamos na escola tem servido de modo muito exemplar para dizer "o que vale mais" no currículo, para dizer que "ela, sim, é difícil", que é "para poucos". Com isso, ela mesma estabelece uma hierarquia que a coloca em um lugar muito privilegiado, um lugar que acaba influindo sobre quem irá adiante nos estudos, quem é "inteligente" e quem está fora desse círculo tão restrito dos "que sabem".

Isso é o que nos leva a considerar a importância de pensarmos a Educação Matemática não como uma área eminentemente técnica, asséptica, marcada pela neutralidade, pelo conhecimento "desinteressado" e desenraizado das injunções do mundo social. É isso que também se constitui em estímulo e desafio para a nossa "segunda-feira de manhã". Enfrentar esse desafio é algo bastante difícil. Estão a nos "perseguir" os exames em todos os níveis de ensino, a cobrar de alunos e professores desempenhos em "competências específicas", para usar a terminologia dos documentos governamentais oficiais. São os resultados dos testes baseados nessas competências que repercutirão em suas vidas estudantis e profissionais.

Professores e professoras se sentem pressionados por "cumprir o programa". Resistem ao "novo", não porque avaliem que seu trabalho docente usual esteja produzindo tão bons resultados, mas porque temem se aventurar por caminhos outros que não aqueles nos quais realizaram seus estudos e sua formação profissional. Cientes de nossas responsabilidades, ficamos temerosos em "arriscar", sem nos sentirmos convenientemente preparados. A família, por sua vez, pressiona a escola para que prepare suas crianças e jovens para os exames, para os concursos públicos, para que possam prosseguir seus estudos e ter acesso a postos de trabalho, mesmo que, cada vez mais, menos se saiba sobre quais serão os requisitos para o trabalho do futuro.

Os próprios alunos resistem "ao novo", porque a eles foi ensinado – de múltiplas formas – que a aula de Matemática é um território neutro, em que a exatidão, o resultado único, a abstração reinam soberanas e seu reinado não pode ser perturbado pelas coisas "mundanas".

Tudo isso, no entanto, ao invés de nos desanimar, tem nos impulsionado para, em espaços muito localizados de nossa atividade docente, tentar promover pequenas "revoluções cotidianas", práticas "mal comportadas". Isso talvez possa produzir algumas fissuras no tecido curricular hoje dominante, talvez possa nos levar a ter mais coragem de "pensar o impensável" e, assim, alimentar a possibilidade de trilhar outros caminhos no âmbito da Educação Matemática.

É chegado o momento de encerrar a escrita deste livro. Estamos cientes de que certamente haveria outras questões sobre o pensamento etnomatemático a serem examinadas. Não tivemos, de modo algum, a intenção de esgotar a discussão aqui empreendida. Em vez disso, gostaríamos que nossas ideias funcionassem como uma flecha, para lembrar a metáfora de Nietzsche, citada por Deleuze (1992, 146-147); uma flecha que, penetrando no pensamento de nossos leitores, pudesse ser por eles recolhida e, então, enviada em muitas outras direções.

Referências

ABREU, Guida Maria de. *O uso da matemática na agricultura*: o caso dos produtores de cana-de-açúcar. Dissertação (Mestrado em Psicologia), Universidade Federal de Pernambuco, Recife, 1988.

ABREU, Guida Maria de. Psicologia no trabalho, um enfoque cognitivo: o uso da matemática por agricultores de cana de açúcar. *Psicologia: Teoria e Pesquisa*, Brasília, v. 7, n. 2, p. 163-177, 1991.

ACIOLY-REGNIER, Nadja Maria. *A justa medida*: um estudo das competências matemáticas de trabalhadores da cana-de-açúcar do nordeste do Brasil no domínio da medida. Tese (Doutorado em Psicologia), Université René Descartes, Paris, 1994.

BAUMAN, Zygmund. *Modernidade líquida*. Rio de Janeiro: Jorge Zahar, 2001.

BECKER, Fernando. *A epistemologia do professor*: o cotidiano da escola. Petrópolis: Vozes, 1993.

BISHOP, Alan. *Mathematical Enculturation*: a Cultural Perpective on Mathematics Education. Dordrecht: Kluwer Academic Publishers, 1988.

BORBA, Marcelo. Etnomatemática e a cultura da sala de aula. *A Educação Matemática em Revista*, Blumenau, v. 1, n. 1, p. 43-58, 1993.

BORBA, Marcelo. Ethnomathematics and Education. *For the Learning of Mathematics, Vancouver*, v. 10, n. 1, p. 39-43, 1990.

BORBA, Marcelo. *Etnomathematics*: Implications for the Classroom. Trabalho apresentado no ICME-7, Quebec, 1992. In: GAULIN, Claude; HODGSON, Bernard R.; WHEELER, David H.; EGSGARD, John (Ed.).

Proceedings of the Seventh International Congress on Mathematical Education. Québec: Les Presses de l'Université Laval, 1994.

BORBA, Marcelo. *Um estudo de Etnomatemática*: sua incorporação na elaboração de uma proposta pedagógica para o "Núcleo-Escola" da Favela da Vila Nogueira - São Quirino. Dissertação (Mestrado em Educação Matemática), Universidade Estadual Paulista Júlio de Mesquita Filho, Rio Claro, 1987.

BORBA, Marcelo; PENTEADO, Miriam G. *Informática e Educação Matemática.* Belo Horizonte: Autêntica, 2010. (Tendências em Educação Matemática.)

CAMARGO, Marco Antonio de. Telecurso 2000: uma análise da articulação da matemática escolar e do cotidiano nas teleaulas (educação de jovens e adultos). In: CONGRESSO BRASILEIRO DE ETNOMATEMÁTICA, 3., 2008, Niterói. *Anais...* Niterói: Universidade Federal Fluminense, 2008.

CARRAHER, David. Mathematics in and Out of School: a Selective Review of Studies from Brazil. In: HARRIS, Mary (Ed.). *Schools, Mathematics and Work.* Hampshire: The Falmer Press, 1991.

CARRAHER, David; CARRAHER, Terezinha Nunes; SCHLIEMANN, Analucia. *Na vida dez, na escola zero.* São Paulo: Cortez, 1988.

CARVALHO, Nelson Luis Cardoso. *Etnomatemática*: o conhecimento matemático que se constrói na resistência cultural. Dissertação (Mestrado em Educação), Universidade Estadual de Campinas, Campinas, 1991.

CASTELLANO, Luis Balbuena. Lo cotidiano en mi clase de matemáticas. In: ENCONTRO NACIONAL DE EDUCAÇÃO MATEMÁTICA, 8., 2004, Recife. *Anais...* Recife: Sociedade Brasileira de Educação Matemática, 2004.

CONDÉ, Mauro Lúcio Leitão. *As teias da razão*: Wittgenstein e a crise da racionalidade moderna. Belo Horizonte: Argvmentvm, 2004a.

CONDÉ, Mauro Lúcio Leitão. Wittgenstein e a gramática da ciência. *Revista Unimontes Científica*, Montes Claros, v. 6, n. 1, jan./jun. 2004b.

CONDÉ, Mauro Lúcio Leitão. *Wittgenstein*: linguagem e mundo. São Paulo: Annablume, 1998.

D'AMBROSIO, Ubiratan. *Etnomatemática.* São Paulo: Ática, 1990.

D'AMBROSIO, Ubiratan. Etnomatemática: um programa. *A Educação Matemática em Revista*, Blumenau, v. 1, n. 1, p. 5-11, 1993.

D'AMBROSIO, Ubiratan. Reflections on Ethnomathematics. *ISGEm Newsletter*, Albuquerque. v. 3, n. 1, p. 3-5, set. 1987.

DELEUZE, Gilles. *Conversações.* São Paulo: Editora 34, 1992.

DELEUZE, Gilles; FOUCAULT, Michel. Os intelectuais e o poder: conversa entre Michel Foucault e Gilles Deleuze. In: FOUCAULT, M. *Microfísica do poder.* Rio de Janeiro: Graal. 2003. p. 69-70.

Referências

DERRIDA, Jacques; ROUDINESCO, Elisabeth. *De que amanhã*: diálogo. Rio de Janeiro: Jorge Zahar, 2004.

DOMITE, Maria do Carmo Santos; RIBEIRO, José Pedro Machado; FERREIRA, Rogerio. *Etnomatematica*: papel, valor e significado. São Paulo: Zouk, 2004.

DOWLING, Paul. Mathematics, Theoretical "Totems": a Sociological Language for Educational Practice. In: JULIE, Ciryl; ANGELIS, Desi (Ed.). *Political Dimensions of Mathematics Education 2*: Curriculum Reconstruction for Society in Transition. Johannesburg: Maskew Miller Longman, 1993. p. 35-52.

DOWLING, Paul. *The Sociology of Mathematics Education*: Mathematical Myths/ Pedagogic Texts. London: Falmer Press, 1998.

DUARTE, Claudia Glavam. *A "realidade" nas tramas discursivas da Educação Matemática Escolar*. Tese (Doutorado em Educação), Universidade Vale do Rio dos Sinos, São Leopoldo, 2009.

DUARTE, Claudia Glavam. *Etnomatemática, currículo e práticas sociais do "mundo da construção civil"*. Dissertação (Mestrado em Educação), Universidade do Vale do Rio dos Sinos, São Leopoldo, 2003.

FALCÃO, Jorge Tarcísio da Rocha. *Psicologia da Educação Matemática*. Belo Horizonte: Autêntica, 2003.

FERREIRA, Eduardo Sebastiani. *A importância do conhecimento etnomatemático indígena na escola dos não-índios*. Campinas: IMECC/UNICAMP, 1994.

FERREIRA, Eduardo Sebastiani. Cidadania e Educação Matemática. *A Educação Matemática em Revista*, Blumenau, v. 1, n. 1, p. 12-18, 1993.

FERREIRA, Eduardo Sebastiani. Por uma teoria da Etnomatemática. *Bolema*, Rio Claro, n. 7, p. 30-35, 1991.

FOUCAULT, Michel. *Em defesa da sociedade: curso no Collège de France (1975-1976)*. 3. ed. São Paulo: Martins Fontes, 2002.

FOUCAULT, Michel. *La verdad y las formas jurídicas*. Barcelona: Editorial Gedisa, 1995.

FOUCAULT, Michel. *Microfísica do poder*. 18. ed. Rio de Janeiro: Edições Graal, 2003.

GARCIA, Maria Manuela Alves. O sujeito emancipado das teorias críticas. *Educação & Realidade*, Porto Alegre, v. 26, n. 2, p. 31-50, jul./dez. 2001.

GERDES, Paulus. *Da Etnomatemática*: a arte-design e matrizes cíclicas: tendências em Educação Matemática. Belo Horizonte: Autêntica, 2010.

GIONGO, Ieda Maria. *Disciplinamento e resistência dos corpos e dos saberes*: um estudo sobre a educação matemática da Escola Técnica Agrícola Guaporé. Tese (Doutorado em Educação), Universidade do Vale do Rio dos Sinos, São Leopoldo, 2008.

GIONGO, Ieda Maria. *Educação e produção do calçado em tempos de globalização*: um estudo etnomatemático. Dissertação (Mestrado em Educação), Universidade do Vale do Rio dos Sinos, São Leopoldo, 2001.

GLOCK, Hans-Johann. *Dicionário Wittgenstein*. Rio de Janeiro: Jorge Zahar, 1998.

KNIJNIK, Gelsa. Currículo, cultura e saberes na educação matemática de jovens e adultos: um estudo sobre a matemática oral camponesa. In: SEMINÁRIO DE PESQUISA EM EDUCAÇÃO DA REGIÃO SUL, 5., Curitiba, 2004. *Anais...* Curitiba: ANPed, 2004. p. 1-16.

KNIJNIK, Gelsa. Do ofício da pesquisa no campo da Educação Matemática: a inversão do espelho como estratégia analítica. In: ENCONTRO BRASILEIRO DE ESTUDANTES DE PÓS-GRADUAÇÃO EM EDUCAÇÃO. 9., São Paulo, 2005. *Anais...* São Paulo: Faculdade de Educação da Universidade de São Paulo, 2005.

KNIJNIK, Gelsa. *Educação Matemática, culturas e conhecimento na luta pela terra*. Santa Cruz do Sul: Edunisc, 2006a.

KNIJNIK, Gelsa. Educação Matemática e os problemas "da vida real". In: LOPES, Alice Ribeiro Casimiro; MOREIRA, Antonio Flavio Barbosa; CHASSOT, Attico (Org.). *Ciência, ética e cultura na educação*. São Leopoldo: Unisinos, 1998.

KNIJNIK, Gelsa. Educação na luta pela terra: saberes matemáticos da cultura camponesa em tempos de Império. In: INTERNATIONAL CONGRESS LATIN AMERICAN STUDIES ASSOCIATION, 27., 2007, Montreal. *Anais...* Montreal: LASA, 2007b. p. 1-20.

KNIJNIK, Gelsa. *Exclusão e resistência*: educação matemática e legitimidade cultural. Porto Alegre: Artmed, 1996.

KNIJNIK, Gelsa. Experiência de ensino: abordagem etnomatemática. In: ENCONTRO NACIONAL DE EDUCAÇÃO MATEMÁTICA, 2., 1988, Maringá. *Livro de Resumos*. Maringá: Departamento de Matemática e Estatística, 1988. p. 21.

KNIJNIK, Gelsa. Itinerários da Etnomatemática: questões e desafios sobre o cultural, o social e o político na educação matemática. In: KNIJNIK, Gelsa; WANDERER, Fernanda; OLIVEIRA, Claudio José. *Etnomatemática, currículo e formação de professores*. Santa Cruz do Sul: Edunisc, 2010. p. 124-128.

KNIJNIK, Gelsa. Mathematics Education and the Brazilian Landless Movement: Three Different Mathematics in the Context of the Struggle for SocialJjustice. *Philosophy of Mathematics Education Journal*, v. 21, n. 1, p, 1-18, 2007a.

KNIJNIK, Gelsa. Regimes de verdade sobre a educação matemática de jovens e adultos do campo: um estudo introdutório. In: SEMINÁRIO INTERNACIONAL DE PESQUISA EM EDUCAÇÃO MATEMÁTICA, 3., Águas de Lindoia, 2006. *Anais...* Águas de Lindóia: Sociedade Brasileira de Educação Matemática, 2006b.

KNIJNIK, Gelsa; WANDERER, Fernanda. "A vida deles é uma matemática": regimes de verdade sobre a educação matemática de adultos do campo. *Revista Educação Unisinos*, São Leopoldo, v. 4, n. 7, p. 56-61, jul./dez. 2006a.

KNIJNIK, Gelsa; WANDERER, Fernanda. Da importância do uso de materiais concretos nas aulas de matemática: um estudo sobre os regimes de verdade sobre a educação matemática camponesa. In: *Anais IX Encontro Nacional de Educação Matemática*. IX ENEM. Belo Horizonte, 2007.

KNIJNIK, Gelsa; WANDERER, Fernanda. Educação matemática e oralidade: um estudo sobre a cultura de jovens e adultos camponeses. In: ENCONTRO GAÚCHO DE EDUCAÇÃO MATEMÁTICA. 9., 2006, Caxias do Sul. *Anais...* Caxias do Sul: Universidade de Caxias do Sul, 2006c.

KNIJNIK, Gelsa; WANDERER, Fernanda. Regimes de verdades sobre a educação matemática: um estudo da cultura camponesa do sul do país. In: SEMINÁRIO BRASILEIRO DE ESTUDOS CULTURAIS E EDUCAÇÃO, 2., Canoas, 02 a 04 ago. 2006. *Anais...* Canoas: Universidade Luterana do Brasil, 2006b.

KNIJNIK, Gelsa; WANDERER, Fernanda; DUARTE, Claudia Glavam. *De las invenciones pedagógicas: la importancia del uso de materiales concretos em las aulas de matemática*. Uno (Barcelona. 1994), v. 55, p. 81-93, 2010.

KNIJNIK, Gelsa; WANDERER, Fernanda; OLIVEIRA, Claudio José. Cultural Diferences, oral mathematics and calculators in a Teacher Training Course of the Brazilian Landless Movement. *Zentralblatt für Didaktik der Mathematik*, v. 37, v. 2, p. 101-108, 2005.

KNIJNIK, Gelsa; WANDERER, Fernanda; OLIVEIRA, Cláudio José. *Etnomatemática, currículo e formação de professores*. Santa Cruz do Sul: Edunisc, 2010.

LARROSA, Jorge. Desejo de realidade. Experiência e alteridade na investigação educativa. In: BORBA, Siomara; KOHAN, Walter (Org.). *Filosofia, aprendizagem, experiência*. Belo Horizonte: Autêntica, 2008.

LARROSA, Jorge. *Pedagogia profana*. Belo Horizonte: Autêntica, 2000.

LAVE, Jean. A selvageria da mente domesticada. *Revista crítica de Ciências Sociais*, n. 46, p. 109-134, out. 1999. Disponível em: <www.ces.uc.pt/rccs/includes/download.php?id=602> Acesso em: 28 maio 2012.

LIZCANO, Emmanuel. As matemáticas da tribo europeia: um estudo de caso. In: KNIJNIK, Gelsa; WANDERER, Fernanda; OLIVEIRA, Cláudio José de (Org.). *Etnomatemática, currículo e formação de professores*. Santa Cruz do Sul: Edunisc, 2004. p. 124-138.

LOVELL, K. *Didactica de las Matematicas (sus bases psicologicas)*. Madrid: Ediciones Morata, 1962.

LUCENA, Isabel Cristina R. de. Novos portos a navegar: por uma educação etnomatemática. In: CONGRESSO BRASILEIRO DE ETNOMATEMÁTICA, 2., Natal, 2004. *Anais...* Natal: UFRN, 2004.

MILLROY, Wendy. *An Ethnografic Study of the Mathematical Ideas of a Group of Carpenters*. Reston: NCTM, 1992.

MONTEIRO, Alexandrina. A Etnomatemática e as políticas públicas. In: CONGRESSO BRASILEIRO DE ETNOMATEMÁTICA, 2., Natal, 2004. *Anais...* Natal: UFRN, 2004.

MORENO, Arley. *Wittgenstein*: os labirintos da linguagem. Ensaio introdutório. São Paulo: Moderna, 2000.

NOBRE, Sergio Roberto. *The Ethnomathematics of the Most Popular Lottery in Brazil: the "Animal Lottery"*. Mathematics, Education and Society. Paris: UNESCO, 1989. p. 175-177. (Document Series, 35.

NUNES, Terezinha. Ethnomathematics and everday cognition. In: GROUVS, D. A. (Ed.). *Handbook of Reaserch on Mathematics Teaching and Learning*. New York: Mac Hill, 1992.

OLIVEIRA, Sabrina. *Matemáticas de formas de vida de agricultores do município de Santo Antônio da Patrulha*. Dissertação (Mestrado em Educação), Universidade do Vale do Rio dos Sinos, São Leopoldo, 2011.

PIAGET, Jean. *Seis estudos de psicologia*. Rio de Janeiro: Companhia Editora Forense, 1971.

PIAGET, Jean; INHELDER, Bärbel. *A psicologia da criança*. São Paulo: Difusão Europeia do Livro, 1968.

POMPEU JR., Geraldo. *Bringing Ethnomathematics into the School Curriculum*. Tese (Doutorado em Educação), Cambridge University, Cambridge, 1992.

POWELL, Arthur; FRANKENSTEIN, Marylin. Empowering Non-Traditional College Students. *Science and Nature, New York*, n. 9/10, p. 100-112, 1987.

RAMOS, Daiani Gomes; GAYER, Ivan. Os saberes matemáticos do "mundo da agricultura da feira livre, calculando uma grande plantação: 250 dúzias de alfaces", "sessenta igual a um e "a parte ruim da conta". In: ENCONTRO GAÚCHO DE EDUCAÇÃO MATEMÁTICA, 10., Ijuí, 2009. *Anais...* Ijuí: Unijuí, 2009.

RORTY, Richard. *Contingência, ironia e solidariedade*. São Paulo: Martins Fontes, 2007.

SANTOS, Ernani Martins dos. Uma proposta de como abordar na sala de aula o litro, a cuia e a saca: um sistema de medidas utilizado no sertão pernambucano. In: CONGRESSO BRASILEIRO DE ETNOMATEMÁTICA, 3., 2008, Niterói. *Anais...* Niterói: Universidade Federal Fluminense, 2008.

SANTOS, Fabio Vieira dos; SILVA Karina Alessandra Pessôa da; ALMEIDA, Lourdes Maria Werle de. O uso do computador no estudo de funções no ensino médio. In: ENCONTRO NACIONAL DE EDUCAÇÃO MATEMÁTICA, 9., Belo Horizonte, 2007. *Anais...* Belo Horizonte: UNI-BH, 2007.

SANTOS, Marcia Maria Paes; SANTOS, Carlos Lacy. A construção da aprendizagem matemática através de métodos de projetos: a pedagogia da inclusão

Referências

social. In: ENCONTRO NACIONAL DE EDUCAÇÃO MATEMÁTICA, 9., Belo Horizonte, 2007. *Anais...* Belo Horizonte: UNI-BH, 2007.

SANTOS, Marilene. *Práticas sociais da produção e unidades de medida em assentamentos do Nordeste Sergipano*: um estudo etnomatemático. Dissertação (Mestrado em Educação), Universidade do Vale do Rio dos Sinos, São Leopoldo, 2005.

SCHEIDE, Tereza de Jesus Ferreira; SOARES, Marlene Aparecida. Professor de matemática: um educador a serviço da construção da cidadania. In: ENCONTRO NACIONAL DE EDUCAÇÃO MATEMÁTICA, 8., 2004, Recife. *Anais...* Recife: Sociedade Brasileira de Educação Matemática, 2004.

SILVA, Daniela Aparecida; MONTEIRO, Alexandrina. Práticas de Medições no campo da Topografia: um estudo curricular da matemática numa abordagem etnomatemática. . In: CONGRESSO BRASILEIRO DE ETNOMATEMÁTICA, 3., Niterói, 2008. *Anais...* Niterói: Universidade Federal Fluminense, 2008.

SILVA, Giani R. da. A etnomatemática cotidiana entre jovens e adultos guató: relato de experiência na escola estadual indígena "João Quirino de Carvalho" – toghopanaã, corumbá. In: CONGRESSO BRASILEIRO DE ETNOMATEMÁTICA, 3., Niterói, 2008. *Anais...* Niterói: Universidade Federal Fluminense, 2008.

SILVA, T. Tadeu. As pedagogias psi e o governo do eu nos regimes neoliberais. In: SILVA, T. (Org.). *Liberdades reguladas*: a pedagogia construtivista e outras formas de governo do eu. Petrópolis: Vozes, 1999.

TOMAZ, Vanessa Sena. *Práticas de transferência de aprendizagem situada em uma atividade interdisciplinar*. Tese (Doutorado em Educação Matemática), Faculdade de Educação, Universidade Federal de Minas Gerais, Belo Horizonte, 2007.

VEIGA-NETO, Alfredo. A Didática e as experiências de sala de aula: uma visão pós-estruturalista. *Educação & Realidade*, Porto Alegre, v. 21, n. 2, p. 161–175, jul./dez. 1996b.

VEIGA-NETO, Alfredo. *A ordem das disciplinas*. 1996. Tese (Doutorado em Educação) – Programa de Pós-Graduação em Educação, Universidade Federal do Rio Grande do Sul, Rio Grande do Sul, 1996a.

VEIGA-NETO, Alfredo. *Foucault & a Educação*. Belo Horizonte: Autêntica, 2003.

VEIGA-NETO, Alfredo. Nietzsche e Wittgenstein. In: GALLO, Sílvio; SOUZA, Regina Maria. (Org.). *Educação do preconceito*: ensaios sobre poder e resistência. São Paulo: Alínea, 2004.

VIALLI, Lorí; SILVA; Mercedes Matte da. A linguagem matemática como dificuldade para alunos do ensino médio. In: ENCONTRO NACIONAL DE EDUCAÇÃO MATEMÁTICA, 9., Belo Horizonte, 2007. *Anais...* Belo Horizonte: UNI-BH, 2007.

VIANA, Marger da Conceição Ventura. Ativação de conhecimentos do mundo real, na resolução problemas verbais de aritmética. In: ENCONTRO NACIONAL DE EDUCAÇÃO MATEMÁTICA, 9., Belo Horizonte, 2007. *Anais...* Belo Horizonte: UNI-BH, 2007.

VIANNA, Márcio de Albuquerque. Etnomatemática na formação do professor de matemática para a educação de jovens e adultos: perspectivas do processo e dos programas de EJA no Brasil. In: CONGRESSO BRASILEIRO DE ETNOMATEMÁTICA, 3., Niterói, 2008. *Anais...* Niterói: Universidade Federal Fluminense, 2008.

VILELA, Denise Silva. *Um estudo acerca da pluralidade das matemáticas.* Projeto de Tese (Doutorado em Educação), Universidade Estadual de Campinas, Campinas, 2006.

WALKERDINE, Valerie. O raciocínio em tempos pós-modernos. *Educação e Realidade*, v. 20, n. 2, p. 207-226, 1995.

WALKERDINE, Valerie. *The Mastery of Reason: Cognitive Development and the Production of Rationality.* Londres: Routledge, 1990.

WANDERER, Fernanda. *Escola e matemática escolar: mecanismos de regulação sobre sujeitos escolares de uma localidade rural de colonização alemã do Rio Grande do Sul.* Tese (Doutorado em Educação), Universidade do Vale do Rio dos Sinos, São Leopoldo, 2007.

WILLIS, Paul. *Aprendendo a ser trabalhador.* Porto Alegre: Artes Médicas, 1991.

WITTGENSTEIN, Ludwig. *Investigações filosóficas.* Petrópolis: Vozes, 2004.

Para saber mais

Livros

D'AMBROSIO, Ubiratan. *Da realidade a ação*: reflexões sobre educação e matemática. São Paulo: Summus, 1986.

D'AMBROSIO, Ubiratan. *Globalização e multiculturalismo*. Blumenau: FURB, 1996.

D'AMBROSIO, Ubiratan. *Etnomatematica*: arte ou técnica de explicar e conhecer. São Paulo: Ática, 1998.

D'AMBROSIO, Ubiratan. *Etnomatemática*: elo entre as tradições e a modernidade: tendências em Educação Matemática. Belo Horizonte: Autêntica, 2001.

D'AMBROSIO, Ubiratan. *Educação matemática*: da teoria a pratica. Campinas: Papirus, 2002.

FANTINATO, Maria Cecília de Castelo Branco (Org.). *Etnomatemáti*ca: novos desafios teóricos e pedagógicos. Niterói: EDUFF, 2009.

FERREIRA, Mariana Kawall Leal (Org.). *Ideias matemáticas de povos culturalmente distintos*. São Paulo: Global, 2002.

GERDES, Paulus. *Da Etnomatemática a arte-design e matrizes cíclicas*: tendências em Educação Matemática. Belo Horizonte: Autêntica, 2010.

GERDES, Paulus. *Etnomatemática*: reflexões sobre matemática e diversidade cultural. Porto: Edições Húmus, 2007.

HALMENSCHLAGER, Vera Lucia da Silva. *Etnomatemática*: uma experiência educacional. São Paulo: Selo Negro, 2001.

KNIJNIK, Gelsa. *Educação matemática, culturas e conhecimento na luta pela terra*. Santa Cruz do Sul: Edunisc, 2006.

KNIJNIK, Gelsa; WANDERER, Fernanda; OLIVEIRA, Claudio José (Org.). *Etnomatemática, currículo e formação de professores*. Santa Cruz do Sul: Edunisc, 2010.

MONTEIRO, Alexandrina; POMPEU JUNIOR, Geraldo; ARAUJO, Ulisses F. *A matemática e os temas transversais*. São Paulo: Moderna, 2001.

RIBEIRO, José Pedro Machado; DOMITE, Maria do Carmo Santos; FERREIRA, Rogerio. *Etnomatemática*: papel, valor e significado. São Paulo: Zouk, 2004.

RIOS, Evanilton Alves. *Etnomatemática*: multiculturalismo em sala de aula. São Paulo: Porto de Ideias, 2010.

VERGANI, Teresa. *Educação etnomatemática*: o que é? São Paulo: Livraria da Física, 2007.

ZASLAVSKY, Claudia. *Jogos e atividades matemáticas do mundo inteiro*: divisão multicultural para idades de 8 a 12 anos. Porto Alegre: Artes Médicas Sul, 2000.

Sites

Grupo de Estudos e Pesquisa em Etnomatemática da FEUSP: <http://www2.fe.usp.br/~etnomat/links.shtml>

Grupo de Estudos e Pesquisa em Etnomatemática de Portugal: <http://gepem-portugal.blogspot.com/>.

Grupo de Estudos e Pesquisas em Educação Matemática e Cultura Amazônica da UFPA: <http://www.ufpa.br/npadc/gemaz/>.

Rede Latino-americana de Etnomatemática: <http://www.etnomatematica.org/home/?page_id=53>.

Site do futuro Grupo de Estudos da República Etnomatemática (GERE): <http://www.oreydc.com/republica-etnomatematica/gere>.

Ubiratan D' Ambrosio: <http://vello.sites.uol.com.br/ubi.htm>.

Outros títulos da coleção
Tendências em Educação Matemática

A matemática nos anos iniciais do ensino fundamental – Tecendo fios do ensinar e do aprender
Autoras: *Adair Mendes Nacarato, Brenda Leme da Silva Mengali, Cármen Lúcia Brancaglion Passos*

Neste livro, as autoras discutem o ensino de Matemática nas séries iniciais do ensino fundamental num movimento entre o aprender e o ensinar. Consideram que essa discussão não pode ser dissociada de uma mais ampla, que diz respeito à formação das professoras polivalentes – aquelas que têm uma formação mais generalista em cursos de nível médio (Habilitação ao Magistério) ou em cursos superiores (Normal Superior e Pedagogia). Nesse sentido, elas analisam como têm sido as reformas curriculares desses cursos e apresentam perspectivas para formadores e pesquisadores no campo da formação docente. O foco central da obra está nas situações matemáticas desenvolvidas em salas de aula dos anos iniciais. A partir dessas situações, as autoras discutem suas concepções sobre o ensino de Matemática a alunos dessa escolaridade, o ambiente de aprendizagem a ser criado em sala de aula, as interações que ocorrem nesse ambiente e a relação dialógica entre alunos-alunos e professora-alunos que possibilita a produção e a negociação de significado.

Afeto em competições matemáticas inclusivas – A relação dos jovens e suas famílias com a resolução de problemas
Autoras: *Nélia Amado, Susana Carreira, Rosa Tomás Ferreira*

As dimensões afetivas constituem variáveis cada vez mais decisivas para alterar e tentar abolir a imagem fria, pouco entusiasmante e mesmo intimidante da Matemática aos olhos de muitos jovens e adultos. Sabe-se atualmente, de forma cabal, que os afetos (emoções, sentimentos, atitudes, percepções...) desempenham um papel central na aprendizagem da Matemática, designadamente na atividade de resolução de problemas. Na sequência do seu envolvimento em competições matemáticas inclusivas baseadas na internet, Nélia Amado, Susana Carreira e Rosa Tomás Ferreira debruçam-se sobre inúmeros dados e testemunhos que foram reunindo, através de questionários, entrevistas e conversas informais com alunos e pais, para caracterizar as dimensões afetivas presentes na participação de jovens alunos (dos 10 aos 14 anos) nos campeonatos de resolução de problemas SUB12 e SUB14. Neste livro, o leitor é convidado a percorrer várias das dimensões afetivas envolvidas na resolução de problemas desafiantes. A compreensão dessas dimensões ajudará a melhorar a relação das crianças e dos adultos com a Matemática e a formular uma imagem da Matemática mais humanizada, desafiante e emotiva.

Álgebra para a formação do professor – Explorando os conceitos de equação e de função

Autores: *Alessandro Jacques Ribeiro, Helena Noronha Cury*

Neste livro, Alessandro Jacques Ribeiro e Helena Noronha Cury apresentam uma visão geral sobre os conceitos de equação e de função, explorando o tópico com vistas à formação do professor de Matemática. Os autores trazem aspectos históricos da constituição desses conceitos ao longo da História da Matemática e discutem os diferentes significados que até hoje perpassam as produções sobre esses tópicos. Com vistas à formação inicial ou continuada de professores de Matemática, Alessandro e Helena enfocam, ainda, alguns documentos oficiais que abordam o ensino de equações e de funções, bem como exemplos de problemas encontrados em livros didáticos. Também apresentam sugestões de atividades para a sala de aula de Matemática, abordando os conceitos de equação e de função, com o propósito de oferecer aos colegas, professores de Matemática de qualquer nível de ensino, possibilidades de refletir sobre os pressupostos teóricos que embasam o texto e produzir novas ações que contribuam para uma melhor compreensão desses conceitos, fundamentais para toda a aprendizagem matemática.

Análise de erros – O que podemos aprender com as respostas dos alunos

Autora: *Helena Noronha Cury*

Neste livro, Helena Noronha Cury apresenta uma visão geral sobre a análise de erros, fazendo um retrospecto das primeiras pesquisas na área e indicando teóricos que subsidiam investigações sobre erros. A autora defende a ideia de que a análise de erros é uma abordagem de pesquisa e também uma metodologia de ensino, se for empregada em sala de aula com o objetivo de levar os alunos a questionarem suas próprias soluções. O levantamento de trabalhos sobre erros desenvolvidos no país e no exterior, apre-

Outros títulos da coleção

sentado na obra, poderá ser usado pelos leitores segundo seus interesses de pesquisa ou ensino. A autora apresenta sugestões de uso dos erros em sala de aula, discutindo exemplos já trabalhados por outros investigadores. Nas conclusões, a pesquisadora sugere que discussões sobre os erros dos alunos venham a ser contempladas em disciplinas de cursos de formação de professores, já que podem gerar reflexões sobre o próprio processo de aprendizagem.

Aprendizagem em Geometria na educação básica – A fotografia e a escrita na sala de aula

Autores: *Cleane Aparecida dos Santos, Adair Mendes Nacarato*

Muitas pesquisas têm sido produzidas no campo da Educação Matemática sobre o ensino de Geometria. No entanto, o professor, quando deseja implementar atividades diferenciadas com seus alunos, depara-se com a escassez de materiais publicados. As autoras, diante dessa constatação, constroem, desenvolvem e analisam uma proposta alternativa para explorar os conceitos geométricos, aliando o uso de imagens fotográficas às produções escritas dos alunos. As autoras almejam que o compartilhamento da experiência vivida possa contribuir tanto para o campo da pesquisa quanto para as práticas pedagógicas dos professores que ensinam Matemática nos anos iniciais do ensino fundamental.

Brincar e jogar – enlaces teóricos e metodológicos no campo da Educação Matemática

Autor: *Cristiano Alberto Muniz*

Neste livro, o autor apresenta a complexa relação jogo/ brincadeira e a aprendizagem matemática. Além de discutir as diferentes perspectivas da relação jogo e Educação Matemática, ele favorece uma reflexão do quanto o conceito de Matemática implica a produção da concepção de jogos para a aprendizagem, assim como o delineamento conceitual do jogo nos propicia visualizar novas possibilidades de utilização dos jogos na Educação Matemática. Entrelaçando diferentes perspectivas teóricas e metodológicas sobre o jogo, ele apresenta análises sobre produções matemáticas realizadas por crianças em processo de escolarização em jogos ditos espontâneos, fazendo um contraponto às expectativas do educador em relação às suas potencialidades para a aprendizagem matemática. Ao trazer reflexões teóricas sobre o jogo na Educação Matemática e revelar o jogo efetivo das crianças em processo de produção matemática, a obra tanto apresenta subsídios para o desenvolvimento da investigação científica quanto para a práxis pedagógica por meio do jogo na sala de aula de Matemática.

Da etnomatemática a arte-design e matrizes cíclicas
Autor: *Paulus Gerdes*

Neste livro, o leitor encontra uma cuidadosa discussão e diversos exemplos de como a Matemática se relaciona com outras atividades humanas. Para o leitor que ainda não conhece o trabalho de Paulus Gerdes, esta publicação sintetiza uma parte considerável da obra desenvolvida pelo autor ao longo dos últimos 30 anos. E para quem já conhece as pesquisas de Paulus, aqui são abordados novos tópicos, em especial as matrizes cíclicas, ideia que supera não só a noção de que a Matemática é independente de contexto e deve ser pensada como o símbolo da pureza, mas também quebra, dentro da própria Matemática, barreiras entre áreas que muitas vezes são vistas de modo estanque em disciplinas da graduação em Matemática ou do ensino médio.

Descobrindo a Geometria Fractal – Para a sala de aula
Autor: *Ruy Madsen Barbosa*

Neste livro, Ruy Madsen Barbosa apresenta um estudo dos belos fractais voltado para seu uso em sala de aula, buscando a sua introdução na Educação Matemática brasileira, fazendo bastante apelo ao visual artístico, sem prejuízo da precisão e rigor matemático. Para alcançar esse objetivo, o autor incluiu capítulos específicos, como os de criação e de exploração de fractais, de manipulação de material concreto, de relacionamento com o triângulo de Pascal, e particularmente um com recursos computacionais com *softwares* educacionais em uso no Brasil. A inserção de dados e comentários históricos tornam o texto de interessante leitura. Anexo ao livro é fornecido o CD-Nfract, de Francesco Artur Perrotti, para construção dos lindos fractais de Mandelbrot e Julia.

Diálogo e aprendizagem em Educação Matemática
Autores: *Helle AlrØ e Ole Skovsmose*

Neste livro, os educadores matemáticos dinamarqueses Helle Alrø e Ole Skovsmose relacionam a qualidade do diálogo em sala de aula com a aprendizagem. Apoiados em ideias de Paulo Freire, Carl Rogers e da Educação Matemática Crítica, esses autores trazem exemplos da sala de aula para substanciar os modelos que propõem acerca das diferentes formas de comunicação na sala de aula. Este livro é mais um passo em direção à internacionalização desta coleção. Este é o terceiro título da coleção no qual autores de destaque do exterior juntam-se aos autores nacionais para debaterem as diversas tendências em Educação Matemática. Skovsmose participa ativamente da comunidade brasileira, ministrando disciplinas, participando de conferências e interagindo com estudantes e docentes do Programa de Pós-Graduação em Educação Matemática da Unesp, em Rio Claro.

Outros títulos da coleção

Didática da Matemática – Uma análise da influência francesa
Autor: *Luiz Carlos Pais*

Neste livro, Luiz Carlos Pais apresenta aos leitores conceitos fundamentais de uma tendência que ficou conhecida como "Didática Francesa". Educadores matemáticos franceses, na sua maioria, desenvolveram um modo próprio de ver a educação centrada na questão do ensino da Matemática. Vários educadores matemáticos do Brasil adotaram alguma versão dessa tendência ao trabalharem com concepções dos alunos, com formação de professores, entre outros temas. O autor é um dos maiores especialistas no país nessa tendência, e o leitor verá isso ao se familiarizar com conceitos como transposição didática, contrato didático, obstáculos epistemológicos e engenharia didática, dentre outros.

Educação a Distância *online*
Autores: *Marcelo de Carvalho Borba, Ana Paula dos Santos Malheiros, Rúbia Barcelos Amaral*

Neste livro, os autores apresentam resultados de mais de oito anos de experiência e pesquisas em Educação a Distância *online* (EaDonline), com exemplos de cursos ministrados para professores de Matemática. Além de cursos, outras práticas pedagógicas, como comunidades virtuais de aprendizagem e o desenvolvimento de projetos de modelagem realizados a distância, são descritas. Ainda que os três autores deste livro sejam da área de Educação Matemática, algumas das discussões nele apresentadas, como formação de professores, o papel docente em EaDonline, além de questões de metodologia de pesquisa qualitativa, podem ser adaptadas a outras áreas do conhecimento. Neste sentido, esta obra se dirige àquele que ainda não está familiarizado com a EaDonline e também àquele que busca refletir de forma mais intensa sobre sua prática nesta modalidade educacional. Cabe destacar que os três autores têm ministrado aulas em ambientes virtuais de aprendizagem.

Educação Estatística - Teoria e prática em ambientes de modelagem matemática
Autores: *Celso Ribeiro Campos, Maria Lúcia Lorenzetti Wodewotzki, Otávio Roberto Jacobini*

Este livro traz ao leitor um estudo minucioso sobre a Educação Estatística e oferece elementos fundamentais para o ensino e a aprendizagem em sala de aula dessa disciplina, que vem se difundindo e já integra a grade curricular dos ensinos fundamental e médio. Os autores apresentam aqui o que apontam as pesquisas desse campo, além de fomentarem discussões acerca das teorias e práticas em interface com a modelagem matemática e a educação crítica.

Educação Matemática de Jovens e Adultos – Especificidades, desafios e contribuições

Autora: *Maria da Conceição F. R. Fonseca*

Neste livro, Maria da Conceição F. R. Fonseca apresenta ao leitor uma visão do que é a Educação de Adultos e de que forma essa se entrelaça com a Educação Matemática. A autora traz para o leitor reflexões atuais feitas por ela e por outros educadores que são referência na área de Educação de Jovens e Adultos no país. Este quinto volume da coleção "Tendências em Educação Matemática" certamente irá impulsionar a pesquisa e a reflexão sobre o tema, fundamental para a compreensão da questão do ponto de vista social e político.

Etnomatemática – Elo entre as tradições e a modernidade

Autor: *Ubiratan D'Ambrosio*

Neste livro, Ubiratan D'Ambrosio apresenta seus mais recentes pensamentos sobre Etnomatemática, uma tendência da qual é um dos fundadores. Ele propicia ao leitor uma análise do papel da Matemática na cultura ocidental e da noção de que Matemática é apenas uma forma de Etnomatemática. O autor discute como a análise desenvolvida é relevante para a sala de aula. Faz ainda um arrazoado de diversos trabalhos na área já desenvolvidos no país e no exterior.

Fases das tecnologias digitais em Educação Matemática – Sala de aula e internet em movimento

Autores: *Marcelo de Carvalho Borba, Ricardo Scucuglia Rodrigues da Silva, George Gadanidis*

Com base em suas experiências enquanto docentes e pesquisadores, associadas a uma análise acerca das principais pesquisas desenvolvidas no Brasil sobre o uso de tecnologias digitais no ensino e aprendizagem de Matemática, os autores apresentam uma perspectiva fundamentada em quatro fases. Inicialmente, os leitores encontram uma descrição sobre cada uma dessas fases, o que inclui a apresentação de visões teóricas e exemplos de atividades matemáticas características em cada momento. Baseados na "perspectiva das quatro fases", os autores discutem questões sobre o atual momento (quarta fase). Especificamente, eles exploram o uso do *software* GeoGebra no estudo do conceito de derivada, a utilização da internet em sala de aula e a noção denominada performance matemática digital, que envolve as artes.

Este livro, além de sintetizar de forma retrospectiva e original uma visão sobre o uso de tecnologias em Educação Matemática, resgata e compila de maneira exemplificada questões teóricas e propostas de atividades, apontando assim inquietações importantes sobre o presente e o futuro da sala de aula de Matemática. Portanto, esta obra traz assuntos potencialmente interessantes para professores e pesquisadores que atuam na Educação Matemática.

Filosofia da Educação Matemática
Autores: *Maria Aparecida Viggiani Bicudo, Antonio Vicente Marafioti Garnica*
Neste livro, Maria Bicudo e Antonio Vicente Garnica apresentam ao leitor suas ideias sobre Filosofia da Educação Matemática. Eles propiciam ao leitor a oportunidade de refletir sobre questões relativas à Filosofia da Matemática, à Filosofia da Educação e mostram as novas perguntas que definem essa tendência em Educação Matemática. Neste livro, em vez de ver a Educação Matemática sob a ótica da Psicologia ou da própria Matemática, os autores a veem sob a ótica da Filosofia da Educação Matemática.

Formação matemática do professor – Licenciatura e prática docente escolar
Autores: *Plinio Cavalcante Moreira e Maria Manuela M. S. David*
Neste livro, os autores levantam questões fundamentais para a formação do professor de Matemática. Que Matemática deve o professor de Matemática estudar? A acadêmica ou aquela que é ensinada na escola? A partir de perguntas como essas, os autores questionam essas opções dicotômicas e apontam um terceiro caminho a ser seguido. O livro apresenta diversos exemplos do modo como os conjuntos numéricos são trabalhados na escola e na academia. Finalmente, cabe lembrar que esta publicação inova ao integrar o livro com a internet. No site da editora www.autenticaeditora.com.br, procure por Educação Matemática e pelo título "A formação matemática do professor: licenciatura e prática docente escolar", onde o leitor pode encontrar alguns textos complementares ao livro e apresentar seus comentários, críticas e sugestões, estabelecendo, assim, um diálogo online com os autores.

História na Educação Matemática – Propostas e desafios
Autores: *Antonio Miguel e Maria Ângela Miorim*
Neste livro, os autores discutem diversos temas que interessam ao educador matemático. Eles abordam História da Matemática, História da Educação Matemática e como essas duas regiões de inquérito podem se relacionar com a Educação Matemática. O leitor irá notar que eles também apresentam uma visão sobre o que é História e abordam esse difícil tema de uma forma acessível ao leitor interessado no assunto. Este décimo volume da coleção certamente transformará a visão do leitor sobre o uso de História na Educação Matemática.

Informática e Educação Matemática

Autores: *Marcelo de Carvalho Borba, Miriam Godoy Penteado*

Os autores tratam de maneira inovadora e consciente da presença da informática na sala de aula quando do ensino de Matemática. Sem prender-se a clichês que entusiasmadamente apoiam o uso de computadores para o ensino de Matemática ou criticamente negam qualquer uso desse tipo, os autores citam exemplos práticos, fundamentados em explicações teóricas objetivas, de como se pode relacionar Matemática e informática em sala de aula. Tratam também de questões políticas relacionadas à adoção de computadores e calculadoras gráficas para o ensino de Matemática.

Interdisciplinaridade e aprendizagem da Matemática em sala de aula

Autores: *Vanessa Sena Tomaz e Maria Manuela M. S. David*

Como lidar com a interdisciplinaridade no ensino da Matemática? De que forma o professor pode criar um ambiente favorável que o ajude a perceber o que e como seus alunos aprendem? Essas são algumas das questões elucidadas pelas autoras neste livro, voltado não só para os envolvidos com Educação Matemática como também para os que se interessam por educação em geral. Isso porque um dos benefícios deste trabalho é a compreensão de que a Matemática está sendo chamada a engajar-se na crescente preocupação com a formação integral do aluno como cidadão, o que chama a atenção para a necessidade de tratar o ensino da disciplina levando-se em conta a complexidade do contexto social e a riqueza da visão interdisciplinar na relação entre ensino e aprendizagem, sem deixar de lado os desafios e as dificuldades dessa prática.

Para enriquecer a leitura, as autoras apresentam algumas situações ocorridas em sala de aula que mostram diferentes abordagens interdisciplinares dos conteúdos escolares e oferecem elementos para que os professores e os formadores de professores criem formas cada vez mais produtivas de se ensinar e inserir a compreensão matemática na vida do aluno.

Investigações matemáticas na sala de aula

Autores: *João Pedro da Ponte, Joana Brocardo, Hélia Oliveira*

Neste livro, os autores – todos portugueses – analisam como práticas de investigação desenvolvidas por matemáticos podem ser trazidas para a sala de aula. Eles mostram resultados de pesquisas ilustrando as vantagens e dificuldades de se trabalhar com tal perspectiva em Educação Matemática. Geração de conjecturas, reflexão e formalização do conhecimento são aspectos discutidos pelos autores ao analisarem os papéis de alunos e professores em sala de aula quando lidam com problemas em áreas como geometria, estatística e aritmética.

Outros títulos da coleção

Lógica e linguagem cotidiana – Verdade, coerência, comunicação, argumentação
Autores: *Nílson José Machado e Marisa Ortegoza da Cunha*

Neste livro, os autores buscam ligar as experiências vividas em nosso cotidiano a noções fundamentais tanto para a Lógica como para a Matemática. Através de uma linguagem acessível, o livro possui uma forte base filosófica que sustenta a apresentação sobre Lógica e certamente ajudará a coleção a ir além dos muros do que hoje é denominado Educação Matemática. A bibliografia comentada permitirá que o leitor procure outras obras para aprofundar os temas de seu interesse, e um índice remissivo, no final do livro, permitirá que o leitor ache facilmente explicações sobre vocábulos como contradição, dilema, falácia, proposição e sofisma. Embora este livro seja recomendado a estudantes de cursos de graduação e de especialização, em todas as áreas, ele também se destina a um público mais amplo. Visite também o site *www.rc.unesp.br/igce/pgem/gpimem.html.*

Matemática e arte
Autor: *Dirceu Zaleski Filho*

Neste livro, Dirceu Zaleski Filho propõe reaproximar a Matemática e a arte no ensino. A partir de um estudo sobre a importância da relação entre essas áreas, o autor elabora aqui uma análise da contemporaneidade e oferece ao leitor uma revisão integrada da História da Matemática e da História da Arte, revelando o quão benéfica sua conciliação pode ser para o ensino. O autor sugere aqui novos caminhos para a Educação Matemática, mostrando como a Segunda Revolução Industrial – a eletroeletrônica, no século XXI – e a arte de Paul Cézanne, Pablo Picasso e, em especial, Piet Mondrian contribuíram para essa reaproximação, e como elas podem ser importantes para o ensino de Matemática em sala de aula.

Matemática e Arte é um livro imprescindível a todos os professores, alunos de graduação e de pós-graduação e, fundamentalmente, para professores da Educação Matemática.

Modelagem em Educação Matemática
Autores: *João Frederico da Costa de Azevedo Meyer, Ademir Donizeti Caldeira, Ana Paula dos Santos Malheiros*

A partir de pesquisas e da experiência adquirida em sala de aula, os autores deste livro oferecem aos leitores reflexões sobre aspectos da Modelagem e suas relações com a Educação Matemática. Esta obra mostra como essa disciplina pode funcionar como uma estratégia na qual o aluno ocupa lugar central na escolha de seu currículo.

Os autores também apresentam aqui a trajetória histórica da Modelagem e provocam discussões sobre suas relações, possibilidades e perspectivas em sala de aula, sobre diversos paradigmas educacionais e sobre a formação de professores. Para eles, a Modelagem deve ser datada, dinâmica, dialógica e diversa. A presente obra oferece um minucioso estudo sobre as bases teóricas e práticas da Modelagem e, sobretudo, a aproxima dos professores e alunos de Matemática.

O uso da calculadora nos anos iniciais do ensino fundamental

Autoras: *Ana Coelho Vieira Selva e Rute Elizabete de Souza Borba*

Neste livro, Ana Selva e Rute Borba abordam o uso da calculadora em sala de aula, desmistificando preconceitos e demonstrando a grande contribuição dessa ferramenta para o processo de aprendizagem da Matemática. As autoras apresentam pesquisas, analisam propostas de uso da calculadora em livros didáticos e descrevem experiências inovadoras em sala de aula em que a calculadora possibilitou avanços nos conhecimentos matemáticos dos estudantes dos anos iniciais do ensino fundamental. Trazem também diversas sugestões de uso da calculadora na sala de aula que podem contribuir para um novo olhar, por parte dos professores, para o uso dessa ferramenta no cotidiano da escola.

Pesquisa em ensino e sala de aula – Diferentes vozes em uma investigação

Autores: *Marcelo de Carvalho Borba, Helber Rangel Formiga Leite de Almeida, Telma Aparecida de Souza Gracias*

Pesquisa em ensino e sala de aula: diferentes vozes em uma investigação não se trata apenas de uma obra sobre metodologia de pesquisa: neste livro, os autores abordam diversos aspectos da pesquisa em ensino e suas relações com a sala de aula. Motivados por uma pergunta provocadora, eles apontam que as pesquisas em ensino são instigadas pela vivência dos professores em suas salas de aulas, e esse "cotidiano" dispara inquietações acerca de sua atuação, de sua formação, entre outras. Ainda, os autores lançam mão da metáfora das "vozes" para indicar que o pesquisador, seja iniciante ou mesmo experiente, não está sozinho em uma pesquisa, ele "escuta" a literatura e os referenciais teóricos e os entrelaça com a metodologia e os dados produzidos.

Pesquisa Qualitativa em Educação Matemática

Organizadores: *Marcelo de Carvalho Borba, Jussara de Loiola Araújo*

Os autores apresentam, neste livro, algumas das principais tendências no que tem sido denominado "Pesquisa Qualitativa em Educação Matemática". Essa visão de pesquisa está baseada na ideia de que há sempre um aspecto subjetivo no conhecimento produzido. Não há, nessa visão, neutralidade no conhecimento que se constrói. Os quatro capítulos explicam quatro linhas de pesquisa em Educação Matemática, na vertente

Outros títulos da coleção

qualitativa, que são representativas do que de importante vem sendo feito no Brasil. São capítulos que revelam a originalidade de seus autores na criação de novas direções de pesquisa.

Psicologia na Educação Matemática
Autor: *Jorge Tarcísio da Rocha Falcão*

Neste livro, o autor apresenta ao leitor a Psicologia da Educação Matemática, embasando sua visão em duas partes. Na primeira, ele discute temas como psicologia do desenvolvimento e psicologia escolar e da aprendizagem, mostrando como um novo domínio emerge dentro dessas áreas mais tradicionais. Em segundo lugar, são apresentados resultados de pesquisa, fazendo a conexão com a prática daqueles que militam na sala de aula. O autor defende a especificidade deste novo domínio, na medida em que é relevante considerar o objeto da aprendizagem, e sugere que a leitura deste livro seja complementada por outros desta coleção, como *Didática da Matemática: sua influência francesa, Informática e Educação Matemática e Filosofia da Educação Matemática.*

Relações de gênero, Educação Matemática e discurso – Enunciados sobre mulheres, homens e matemática
Autoras: *Maria Celeste Reis Fernandes de Souza, Maria da Conceição F. R. Fonseca*

Neste livro, as autoras nos convidam a refletir sobre o modo como as relações de gênero permeiam as práticas educativas, em particular as que se constituem no âmbito da Educação Matemática. Destacando o caráter discursivo dessas relações, a obra entrelaça os conceitos de *gênero*, *discurso* e *numeramento* para discutir enunciados envolvendo mulheres, homens e Matemática. As autoras elegeram quatro enunciados que circulam recorrentemente em diversas práticas sociais: "Homem é melhor em Matemática (do que mulher)"; "Mulher cuida melhor... mas precisa ser cuidada"; "O que é escrito vale mais" e "Mulher também tem direitos". A análise que elas propõem aqui mostra como os discursos sobre relações de gênero e matemática repercutem e produzem desigualdades, impregnando um amplo espectro de experiências que abrange aspectos afetivos e laborais da vida doméstica, relações de trabalho e modos de produção, produtos e estratégias da mídia, instâncias e preceitos legais e o cotidiano escolar.

Tendências internacionais em formação de professores de Matemática
Organizador: *Marcelo de Carvalho Borba*

Neste livro, alguns dos mais importantes pesquisadores em Educação Matemática, que trabalham em países como África do Sul, Estados Unidos,

Israel, Dinamarca e diversas Ilhas do Pacífico, nos trazem resultados dos trabalhos desenvolvidos. Esses resultados e os dilemas apresentados por esses autores de renome internacional são complementados pelos comentários que Marcelo C. Borba faz na apresentação, buscando relacionar as experiências deles com aquelas vividas por nós no Brasil. Borba aproveita também para propor alguns problemas em aberto, que não foram tratados por eles, além de destacar um exemplo de investigação sobre a formação de professores de Matemática que foi desenvolvida no Brasil.

Este livro foi composto com tipografia Minion Pro e impresso
em papel Off-White 70 g/m² na Formato Artes Gráficas.